少/年/励/志/成/长/文/学/系/列

学会坚持，我们一起全力以赴又何妨

童沐恩　著

华中科技大学出版社
http://www.hustp.com
中国·武汉

图书在版编目（C I P）数据

学会坚持，我们一起全力以赴又何妨 / 童沐恩著. -- 武汉 ：华中科技大学出版社，2018.6

（少年励志成长文学系列）

ISBN 978-7-5680-4144-7

Ⅰ. ①学… Ⅱ. ①童… Ⅲ. ①挫折教育－青少年读物 Ⅳ. ① B848.4-49

中国版本图书馆 CIP 数据核字（2018）第 100057 号

学会坚持，我们一起全力以赴又何妨

Xuehui Jianchi，Women Yiqi Quanliyifu You Hefang 童沐恩 著

策划编辑: 亢博剑 孙 念

责任编辑: 孙 念

版式设计: 格林图书

责任监印: 朱 玢

出版发行: 华中科技大学出版社（中国·武汉） 电话:(027) 81321913

武汉市东湖新技术开发区华工科技园 邮编:430223

录 排: 格林图书

印 刷: 武钢实业印刷总厂

开 本: 710mm×1000mm 1/16

印 张: 10

字 数: 180 千字

版 次: 2018 年 6 月第 1 版第 1 次印刷

定 价: 29.80 元

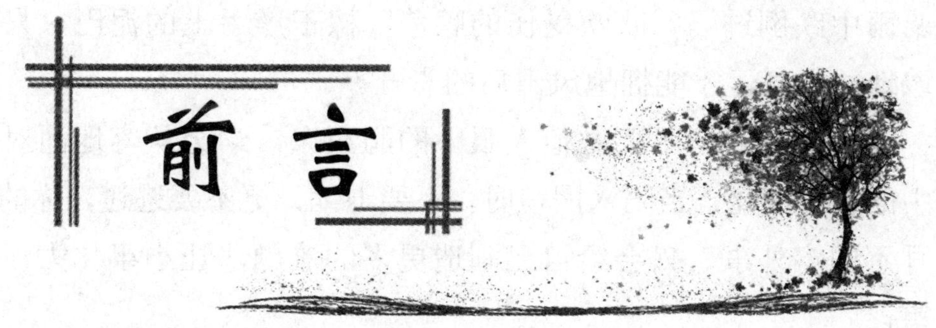

前言

在竞争激烈的当今社会中，对于青少年来说，生活的压力、学习的压力、竞争的压力……就像一座座高山，压得他们喘不过气来。

在压力的影响之下，很多青少年迷失了自我，在人生的十字路口踟蹰不前，他们心灰意冷，甚至颓废不堪，只为了可以远离纷扰的世俗，还自己一片清净之地。殊不知，人生不如意之事十有八九，即使给自己裹上重重的外壳，令人烦忧的事情还是会接踵而至。

要知道，人生在世，就是每一个人在同自己战斗。如果没有办法控制自己的情绪，使自己的内心更加强大，就很容易在没有硝烟的战场上失去方向，最终成为他人眼中的失败者；反之，如果你可以恰如其分地面对压力、面对挫折，则可以在人生的路途中如鱼得水，最终为自己赢得一方小小的天地。

无论在何时何地，都不要被压力吓倒，要有战胜自己的信心，时刻告诉自己。人生最大的敌人向来不是来者不善的挑战者，而是曾经懦弱的自己，想要赢得漂亮，就一定要抬头挺胸，勇敢地面对前进道路上的荆棘。

要学会接受挫折。想想看，在风中自由奔跑的人，不都曾在

暴雨中跌倒过吗？吹吹受伤的膝盖，擦干净手上的泥巴，只有勇敢地站起身，才能拥抱风雨后的彩虹。

勇敢一点，不要做他人眼中的胆小鬼，学会从容地面对生活中的种种变化，当陷入困境时，不要退缩，更不要逃避，你的“两耳不闻窗外事”只会给自己制造更多的难题，让小事化大，害人害己。

在任何情况下，都要树立正确的观念，要懂得化解压力，也要懂得人生不能事事完美的道理，看清事实，看淡得失，不再因为学习和生活节奏的加快而烦恼，也无须因为小小的失误怨天尤人，保持心理平衡，排除心理障碍，相信你的人生会因此变得顺畅与从容。

使自己的内心更加强大，养成“不以物喜，不以己悲”的豁达心态，用睿智的思想，制造属于自己的快乐。要明白，人的不快乐，很多时候不是因为拥有得太少，而是因为承载得太多。当把心中的包袱放下，你会惊讶地发现，生活要比想象中简单、轻松得多。

勇敢地微笑吧！视压力为动力，积极乐观地迎接每一天！失意的时候，不要萎靡不振，而是要擦干眼泪，攥紧拳头重新站起来；当得意的时候，也不要沾沾自喜，骄傲自满，而是要谦虚为人，总结经验，以便将来取得更好的成绩。

总之，在成长的道路上处处有风雨，即使摔了跟头也没有什么大不了的，路在自己脚下，你不勇敢，没有人替你坚强！从现在开始，勇敢一些，坚强一些，放松自己的心情，好好地享受生命中的善意与美好吧！

《学会坚持，我们一起全力以赴又何妨》得以顺利出版，感谢华中科技大学出版社，感谢陈红晓作家集团的帮助与支持。

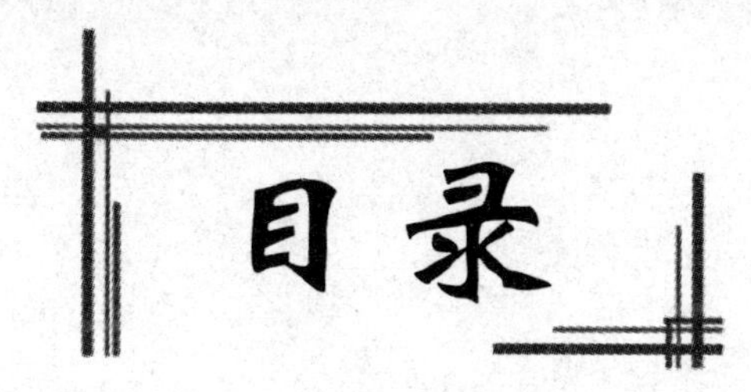

目录

第一章

少年，你为什么一蹶不振？

第二章

学会接受“善意”的挫折

第三章

不要做他人口中的胆小鬼

第四章

有失才有得，不是吗？

第五章

强大的内心，是击垮压力的秘密武器

第六章

笑一笑，眼前的压力不过如此

第七章

瞧！奇迹是这样诞生的

后记

第一章

少年，你为什么一蹶不振？

过于风平浪静的人生，有什么乐趣呢？

梅兰中学创办于1986年，是市内唯一的重点中学。校内环境优美，春有“碧玉妆成一树高，万条垂下绿丝绦”，冬有“早梅发高树，迥映楚天碧”，除了美景，教学设施和师资队伍在市内也是数一数二，唯一美中不足的是，在学校的后山上，有一块光秃秃的小山坡，这不，校长突发奇想，在今年的植树节，组织老师和学生一起到山上体验植树的乐趣。

植树节当天，同学们拎着大包小包，在老师的带领下浩浩荡荡地沿着小路上了山，山坡上，徐徐的微风轻轻吹来，夹杂着泥土的芬芳，空气显得格外的清新甜润。同学们分成五人一组，各有分工，忙得不可开交。

和热闹的气氛相左，此时此刻，初二（1）班的陈晓星孤零零地坐在石头上。她身穿橙黄色的毛衣外套，头戴白色鸭舌帽，长长的马尾辫垂在左肩上，安静的模样看起来有一股“文艺范儿”，只是秀气的瓜子脸上，紧蹙的眉头让她看起来有几分忧郁。她似乎沉浸在自己的世界中，任凭同学们扛着树苗和铁铲在她的面前走来走去，她都提不起一丝兴致。

大家有所不知，陈晓星是学校的校园小记者，她本想以这一次的植树节为主题，创作“爱护环境，人人有责”的采访内容，可是没想到，这个“金点子”竟然被校友捷足先登，导致她的灵感枯竭，正在为新一期的采访任务伤脑筋。

“究竟应该以什么为主题，完成新一期的采访任务呢？”陈晓星边喃喃自语，边缓缓地抬起头来，将视线移至距离她不远的高晶晶身上。

高晶晶是陈晓星的好朋友，她从小到大都留着一头短发，一副大大的平光眼镜刚好遮住了她有个性的丹凤眼，乍看之下，身材微胖的她看上去像是一个“假小子”，只是和陈晓星开朗、热情的性格截然相反，她的性格内向，不爱说话，甚至有一点点自卑。

和平时一样，高晶晶依旧喜欢一个人待在角落里，不与外界沟通，也不希望被外界打扰。她接二连三的叹气声让陈晓星禁不住怀疑，这个总是没有自信的小女生，是不是又遇到了什么无法解决的难题？

陈晓星顺手拿起身边的小铁铲，缓步走向了站在原地、不停踢着脚边石子的高晶晶，她清了清喉咙，摆出了小记者的架势，对着高晶晶打趣道：“嘿！这位同学，有没有兴趣接受我的采访？”

“采访我？”高晶晶转过头，看向咧着嘴喜笑颜开的陈晓星，似乎想要看透她的小脑袋瓜子里究竟装着什么古灵精怪的主意。

“That’s right ！”陈晓星挑了挑眉，“你似乎遇到了什么烦心事，如果不介意的话，可以说来听听，说不定会给我的采访任务带来一些灵感。”

“原来是这样……”高晶晶迟疑地张开口，“你知道的，我总是没有自信，喜欢胡思乱想，本以为新学期新气象，我可以克服自身的缺点，做一个积极向上、乐观开朗的青少年，可是我没有想到的是，自从新学期开始，烦恼就接连不断地出现，现在，我已经对自己失去信心了……”

话说到这儿，高晶晶鼻子一酸，眼泪顺着肉嘟嘟的脸颊滚落下来，看到她绝望的神情，作为好朋友的陈晓星着实有些心疼，只是她没有直截了当地安慰她，而是语重心长地说：“其实，我并不觉得在人生中出现挫折和烦恼有什么不好，反而我认为，过于风平浪静的人生，没有一点意义。”

陈晓星的一句话让高晶晶诧异地抬起了头，她小声嘀咕：“风平浪静的人生有什么不好吗？每个人都希望自己的一生可以一帆风顺，不是吗？”

“或许很多人都希望自己的人生之路可以少一些挫折，但是没有经历过风雨，怎么可能会看到雨后绚丽的彩虹呢？”陈晓星对答如流，“你想想看，失去挑战的人生，是多么的无聊与乏味啊！”

陈晓星说的话不无道理，如果生命中失去了挫折和挑战，那么人生将会变得平淡无奇，人们没有办法发挥自己最大的潜能，也没有办法感受胜利的喜悦，如此的周而复始，有什么乐趣可言呢？只是高晶晶从来都没有想到这一点，所以她一时之间竟无言以对。

见高晶晶不说话，陈晓星接着道：“我想，没有人会喜欢挫折，因为挫折会让人有失败的感觉，但假设生活中没有挫折，那人生一定会是完美的吗？我们所做的每件事情都能达到预期的目标吗？我想，答案一定是否定的……”

听到这儿，高晶晶擦了擦脸上的泪水，情绪也渐渐地平复下来“你总是那么乐观，如果我也像你一样不畏挑战，那就不会有这么多的烦恼了。”

“你不要向我看齐，应该向贝多芬看齐，”陈晓星笑着道，“你知道吗？贝多芬即使双耳失聪，也没有向命运低头，反而是花费了比常人多出几倍的心血，努力地实现自己的梦想，最终为音乐界做出了贡献。如果当初的他一直沉浸在伤痛中无法自拔，怎么可能会有后来的辉煌成绩呢？”

“贝多芬的确是令人敬仰的对象，”高晶晶认同地说，“在我上小学的时候，我就在书本上看过关于他的故事，书本上还说，只有经历了登顶的艰辛，才会有‘一览众山小’的豁达。”

“你既然知道这么多的大道理，为什么还要封闭自己，整天闷闷不乐呢？”陈晓星说罢，拍了拍高晶晶的肩膀，给她加油打气，“我相信你可以的，你会变成一个勇敢的女孩，就像我们今天种下的小树苗一样，一定会在阳光下成长为令人仰望的参天大树！”

没错，在古时候，孟子就参透了“生于忧患，死于安乐”这八个字，在他的心中，生活得过于安逸只会使人萎靡甚至死亡，唯有忧患常在，才能促使人奋发图强。可见，挫折并不是你停下脚步的借口，而是激励你风雨兼程的苦口良药。只有战胜了挫折，战胜了自己，才能够迎接胜利的曙光。

陈晓星有话要说

挫折不是你的敌人，而是你的朋友

在人生的漫漫长路中，经历一些挫折，走过一些弯路，这都不是什么坏事，就如同伟大的发明家爱迪生一样，在他发明电灯的时候，尝试了6000多种材料，经历了无数次的失败，可是他没有放弃，也正是他敢于与命运抗争的精神，才成就了一个奇迹。

对于成功而言，挫折是最好的老师，因为它会告诉你，前方的路途任重而道远，只有不断地磨砺自己，战胜自己，才能够“宝剑锋从磨砺出，梅花香自苦寒来”，而过于安逸的人生，则体会不到竞争的压力，反而会在无形中被他人超越，最终无法实现自己的人生目标。

把眼前的挫折当成一座高山，时刻告诉自己，翻越了眼前的高山，就可以看到大海的辽阔，不要因为一次、两次的跌倒而丧气、心急，学会欣然地接受，坦然地面对，相信挫折会让你成长得更加强大，生活也会因此变得更加美好。

不要做那温室里的花朵，当没有了外界的保护，它该如何面对大自然的暴风骤雨呢？要做就做在冰天雪地里依旧长青的古松，在风霜雨雪中巍然屹立，最终为自己赢得一片小小的天地。

智慧锦囊：生活得过于安逸只会使人萎靡甚至死亡，唯有忧患常在，才能让人奋发图强，走向光明。

压力这个东西，你不找它它找你

陈晓星的一席话动之以情，晓之以理，一时间让高晶晶陷入了沉思，随后，陈晓星转移了话题：“新学期其实发生了很多挺有趣的事，比如说咱们班新来的数学老师，他是东北人，在讲课的时候总是脱口而出一些东北话，每次数学课，他的幽默风趣都让我笑得肚子痛……”说到这儿，陈晓星看向一言不发的高晶晶，“你难道不觉得新来的数学老师很有趣吗？”

“我并没有觉得数学老师有趣，反而，我觉得新学期的数学课给了我很大的压力，”说罢，高晶晶从口袋中拿出了几张皱巴巴的小考试卷，递给了陈晓星，“你看，这几天的数学小考，我只是侥幸及格而已，和上学期相比，我的成绩落后了很多。”

的确，高晶晶虽然不是尖子生，但她的成绩也一直处于班级的中上游，可自从这学期开学以来，因为压力的增大，她的学习成绩有了明显的下滑，就连她最擅长的数学，学起来也变得吃力了许多。

听到高晶晶又叹了一口气，陈晓星想了想道：“如果我安慰你说压力可以消失不见，那一定是骗小孩子的，因为压力无处不在，比如生活上的压力、学习上的压力、人际交往上的压力……压力就在人们的身边，像是影子一样寸步不离，可是我们不能因为压力而影响正常的学习和生活，这和自寻烦恼没有什么区别。”

对此，高晶晶持有相反的态度：“我并不觉得我可以战胜压力，就像你说的，人生在世，四面八方都是压力，现在，这些压力已经影响到了我的学习和生活，我已经快要投降了……”

“高晶晶同学，你就不要为你的逃避找借口了，”陈晓星直言不讳，“你知道吗？现在的你就像是还没有上战场就缴械投降的士兵，你连尝试的勇气都没有，怎么会获得进步呢？你应该面对现实，面对眼前的压力，既然压力无处不在，就干脆把压力化作动力，激励你前进。”

“压力还能化作动力？”高晶晶眨了眨眼睛，“我还是头一次听说。”

陈晓星没有正面回答高晶晶的问题，而是反问道：“难道你没有听过羚羊的故事吗？”见高晶晶摇了摇头，陈晓星滔滔不绝道，“我曾在一本书上看到说，生活在奥兰治河两岸的羚羊有着很大的差异，研究显示，东岸的羚羊无论是奔跑速度还是种群繁殖能力，都比西岸的羚羊好，”说到这儿，陈晓星卖了一个关子，“你知道这是为什么吗？”

高晶晶分析道：“在同样的环境下，两岸的羚羊出现了差异，我猜应该是食物不同吧……”

“没有那么简单，”陈晓星摆了摆手，“起初的时候，动物学家的想法和你一样，只是在最后，他们发现无论是在东岸还是西岸，羚羊都以一种叫莺萝的牧草为主食。”

“这就奇怪了，”高晶晶大为不解，“既然环境一样，两岸羚羊的主食也大同小异，那为什么会出现这样的现象呢？”

见高晶晶百思不得其解，陈晓星说出了答案：“其实，东岸的羚羊之所以比西岸的羚羊生存能力强，最主要的原因在于，河的东岸生活着一群狼。羚羊想要生存，不得不集中注意力，在狼群的追赶下全力奔跑，时间久了，它们就变得更加强壮。”说罢，陈晓星看向高晶晶，“对于我们人类来说也是一样的，很多时候我们就像瘦弱的羚羊，而压力就像可怕的狼群，即使你躲得再好，也没有办法逃过压力的‘魔爪’。”

陈晓星的比喻生动而形象，也给高晶晶上了一节“思想教育课”，让高晶晶知道了一个道理——压力无处不在，即使你不找它，它也会主动找你，既然如此，为什么还要因为压力的到来而伤脑筋呢？

没错，21世纪是一个激烈竞争的时代，在人生的“赛场”上，优胜劣汰的生存法则让很多人感受到来自四面八方的压力，没有人希望被淘汰，所以这个时候，作为青少年的我们，更应该磨炼自身的意志，使自己的内心世界更加强大。

既然压力和竞争无法避免，那就勇敢地接受它吧！要知道，生命之所以珍贵，是因为不能重来。因此，从现在开始鼓起勇气吧！接受压力，正视压力，相信勇敢的你一定会成为压力的主人，用青春和活力谱写属于自己的人生。

陈晓星有话要说

压力无处不在，躲也躲不掉

在很多人的眼里，压力就是负担，是前进道路上的阻力，于是，面对压力，不少人会觉得如同泰山压顶，在学习和生活中表现出极端的悲伤和痛苦，感觉不到快乐。

其实，压力是现代生活中稀松平常的一部分，看待压力的角度不同，得到的结果也会不一样。大可不必拿着放大镜看待压力，压力不是魔鬼，只是有些人把它想象成了可怖的梦魇，将其在现实中放大，最终对它产生了敌意。

不要被眼前的压力击垮，学会改变心态，要把压力转化为动力，就如同加拿大医学教授赛勒博士说的：“压力是人生之路上必不可少的燃料。”压力是不可避免的，选择与压力并肩作战，让压力鞭策你获得进步，这才是面对压力的正确方式。

接受眼前的压力吧！它是社会给予你的礼物，它会使你的内心更加强大，让你变得更加果敢与坚强！

智慧锦囊：压力就像空气一样稀松平常，但是它会赐予你力量，让你成就更强大的自己。

压力不可怕，不懂得正视压力才最可怕

在两个人说话的间隙，一个戴着粗布围巾，扎着俏皮丸子头的小女生姗姗来迟。她身材娇小，纤细的四肢看起来弱不禁风，加上一张娃娃脸、镶嵌在脸颊上的酒窝和那双会说话的大眼睛，甜美的形象总是让人禁不住多看两眼。

“时晚晚，”陈晓星率先叫出了她的名字，“你们小组种好小树苗了吗？”

“我们早就完成任务了，”时晚晚拍了拍满是泥土的手，又用胳膊肘擦了擦嘴角的泥垢，“倒是你们两个，不和大家一起植树，反而跑到这里来窃窃私语，”说罢，她看向高晶晶半开玩笑地道，“老实交代，你是不是又找陈晓星诉苦了？”

“我才没有诉苦呢……”高晶晶急忙否认，“我……我只是……”

“只是在和我讨论学习上的事情而已，”陈晓星急忙解围，“高晶晶最近的数学成绩很不理想，我也是一样，新学的知识点总是出错，所以我们抽空一起探讨了一下试卷上的错题，碰巧被你发现了。”

“放心，我是不会向老师打小报告的，”时晚晚调皮地吐了吐舌头，“我来的目的，是想邀请你们明天下午到我家做客，我会准备很多好吃的零食，还有一件‘无价之宝’想请你们先睹为快！”

“无价之宝？”陈晓星睁大了眼睛，“该不会是你那个爱旅游的爸爸，在哪个深山野林里发现了什么稀奇的宝贝吧？”

“你想到哪里去了，”时晚晚哑然失笑，“至于究竟是什么‘无价之宝’，我就先留一个悬念，等你们来了我家，答案自然而然就揭晓了。”

陈晓星是一个好奇宝宝，但凡有不明白的事情，都想在第一时间弄个明白，她连想都没想，就点头答应：“好！我一定准时到！”随后，她看向一直没有作声的高晶晶，“我们在哪里汇合呢？如何可以的话，你到我家来找我吧！”

“我……我还是不去了吧……”高晶晶的回答出乎两个人的意料，要知道，平时在学校里，高晶晶是一个没有主见的老好人，她很少会拒绝他人的请求。

随后，高晶晶支支吾吾地道：“对不起，我没有别的意思，只是最近没什么心情，怕去了扫了你们的兴……”

“我说什么来着！”时晚晚无奈地摇摇头道，“我就知道你一定是在和陈晓星诉苦，唉……你还死要面子不承认。”

“我只是觉得新学期的压力很大，想要好好地冷静冷静罢了，”见纸包不住火，高晶晶吐露了心声，“面对压力，我每天都六神无主的，学习成绩也越来越差，我真的不想一直这样下去……”

“傻瓜，压力并不可怕，不懂得正视压力那才可怕呢！”时晚晚脱口而出，“人人都有压力。大人们有工作的压力，学生们有学习的压力。贫穷的人有压力，富贵的人也有压力。如果每一个人都视压力为魔鬼，那还怎么过生活呢？”

“时晚晚说得有道理，”陈晓星附和道，“别把压力当成一件‘苦差事’，在我看来，压力是一件好事，正是因为有了压力，人生的路才能够走得更加平稳，就像故事中的羚羊一样，有了狼群给予的压力，才会变得更加强大。”

“故事中的羚羊？”时晚晚打断了陈晓星的话，“那是什么？”

“你竟然连羚羊的故事都没有听过？还自称是‘故事大王’？”陈晓星平时就喜欢和时晚晚抬杠，“三言两语说不清楚，有空我再说给你听！”

“哼！我才不要听你讲故事呢！”时晚晚故作生气地嘟起小嘴巴，“本‘故事大王’回家自己查！”

见陈晓星和时晚晚两个人像是小孩子一样，你一言我一语地说个不停，站在中间的高晶晶哭笑不得，但与此同时，她似乎也意识到了一个问题——同样是14岁的初中生，每天面对同样的老师和教科书，为什么她们就可以把压力抛在脑后，而偏偏自己却深陷在压力的旋涡里无法自拔呢？

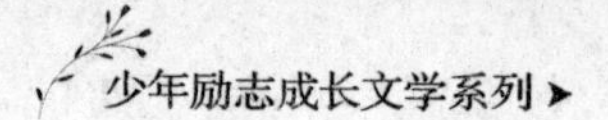

看来，问题还是出在自己的身上，高晶晶想，或许大家说得都没有错，压力并不可怕，可怕的是自己没有面对压力的勇气，只有抬起头，挺起胸，勇敢地面对未知的挑战，才能够为自己营造更美好的明天。

时晚晚有话要说

压力并不可怕，可怕的是没有面对压力的勇气

在现实生活中，很多人因为“压力”二字痛不欲生，他们因此失去了目标，迷失了自己，最终把自己封闭起来无法自拔。其实，压力并没有想象中那么可怕，它不是魔鬼，反而会成为你收获成功的助力器。

不要小瞧了压力赐予你的力量，唯有跋山涉水，经历过满途荆棘，才有机会领略山顶的诗情画意，反之，如被压力束缚住自由的灵魂，整日在阴影下踟蹰不前，则最终只能在优胜劣汰的社会中，成为他人眼中的失败者。

没有人甘心失败，对吗？请在前进的道路上，多给自己一点勇气，告诫自己：压力不是魔鬼，它没有想象中那么可怕！相信只要有冲破黑暗的决心，一切都可以重见光明，未来的道路，也会因为你的自信和勇敢，变得更加宽阔。

智慧锦囊：压力并不可怕，可怕的是没有面对压力的勇气。

瞧得起自己，别人才会瞧得起你

在时晚晚和陈晓星的劝说下，高晶晶终于“缴械投降”，在约定的时间里，来到了时晚晚的家。这是两个人第一次到时晚晚的家中做客，和想象中有所不同，时晚晚的家中没有华丽的装修和精致的家具，取而代之的是一套破了皮的白色沙发，还有一张干净的小木桌。

“这就是我的家，”时晚晚并没有因为自己家中的简朴而面露异色，与之相反，她热情地招待两位好朋友入座，并俯下身将沏好的龙井倒入了瓷碗中，“我的爸爸平时最喜欢喝茶，没办法，我也只好跟着他一起‘养生’。”时晚晚说罢，把瓷碗端到了高晶晶的面前，“暖暖身子，不知道你们是否喝得习惯？”

“看来每一个爸爸都是一样，”高晶晶笑着道，“我的爸爸也很喜欢喝茶，但是他喝的是乌龙茶。”说到这儿，高晶晶抿了一口龙井，或许是因为气温下降的缘故，茶汤浓香入喉，给她带来了一丝暖意。而陈晓星并没有这个闲情逸致，乖乖地坐在沙发上品茶，她左顾右盼了半天，最终还是禁不住开口问道：“晚晚，你不是说有一个‘无价之宝’要让我们先睹为快吗？它在哪儿？该不会被你藏起来了吧？”

“你还真猜对了，它真的被我藏起来了，”提到“无价之宝”，时晚晚即刻站起身，缓步朝着阁楼走去，映入眼帘的是一个贴着明星海报的小木门，紧接着，时晚晚停下脚步，神秘地开口道，“喀，喀……下面给大家隆重介绍一下，这是我的私人工作室，我平时都称呼它为梦想工作室。”

“看起来像是一个储物间。”高晶晶调侃道。不可否认，高晶晶的想法和陈晓星的想法不谋而合，一个毫不起眼的小阁楼，怎么称得上是“梦想工作室”呢？这简直是风马牛不相及！可是，当木门被打开的那一刻，两个人都惊讶地合不拢嘴，因为，她们似乎看到了另一片天地……

不到五平方米的小房间里，四周金属质感的壁纸在吊灯的映照下，给周围的一切镀上了一层层金色的光环，两只毛绒小熊立在工作台上，不远的一侧，白色的衣架上手工制作的连衣裙格外引人注目——和商场里大同小异的服装不同，整件连衣裙并不是用整块布料进行加工的，而是选用了不同颜色、不同花纹的碎布进行拼接，可令人惊奇的是，这些看起来毫不相干的颜色和花纹被时晚晚的巧手拼接在一起，不仅毫无违和感，看上去还有几分复古的味道。

“好漂亮啊……”向来伶牙俐齿的陈晓星一时之间也无法用语言

表达心中的震惊与欢喜，十几秒过后，她把视线移向静静地站在一旁，脸上带着笑意的时晚晚，“这……这件衣服是你设计的？”

“当然了，这就是我说的‘无价之宝’，”时晚晚走上前，把衣服从衣架上取了下来，“这次我邀请你们到我的家中做客，其实是希望你们可以做我的模特，我很期待衣服穿在你们身上的样子。”

为了满足时晚晚小小的心愿，陈晓星成了临时的模特。她站在镜子前，将干净利落的休闲装换成了别具一格的长裙。时晚晚仔细打量了一番后，喃喃自语道：“我的爸爸真是没眼光，这么漂亮的连衣裙，竟然在他的口中变成了‘鸡毛掸子’……”

“即使再简单的布条，只要用心创作，也可以被设计成美丽的衣服，”陈晓星转过身，一本正经地道，“我想，你的爸爸一定会后悔曾经说过的话，如果他还是不欣赏你的设计，你可以用布条设计出一套西装，让他穿到身上瞧一瞧。”

“这是一个好主意，”时晚晚被陈晓星的话逗笑，并继续道，“只是你们的担心是多余的，我从来不会因为这件事情伤脑筋，因为我知道只有自己瞧得起自己，别人才会瞧得起你的道理，所以不管我的爸爸怎么打击我，我都不会气馁，更不会放弃，我想，只有现在的自己全力以赴，未来的自己才不会后悔。”

时晚晚说得没错，人要有自信，只有自己瞧得起自己，别人才会瞧得起你。要相信自己的能力，无论在任何情况下，都要告诉自己：我不是弱者，我有强大的内心，我不比任何人差，只要我努力，我也可以做到最好。

要学会坚持，相信你也有无穷的潜能和超越自我的能力，就如同莎士比亚曾经说过的那句话：“如果把自己看作是一堆泥土，那么，别人就真的会将你看成可以随意踩踏的泥土。”所以，不要小瞧自己的能力，未来的路还有很长，相信自己会创造奇迹。

听时晚晚讲故事

照亮自己，别人才会看得到你

很久以前，在一个美丽的庄园里，一个农夫有两只一样大的木桶，其中一只完好无损，一只有细微的裂缝，于是每当农夫挑水的时候，完好无损的木桶总是能装着满满的一桶水回到主人的家，而那个有着裂缝的木桶，最终只能剩下半桶水。

为此，有着裂缝的木桶感到非常的自卑，它知道，是因为自己的缺陷，主人才没有办法喝到更多的水，于是这一天，木桶对着主人说："亲爱的主人，我想我没有办法继续为您效劳了，因为即使我再努力，我也没有办法为您装满一整桶水。"

农夫听后陷入了深思，随后，他用手指向路旁的鲜花道："难道你没有看到这些美丽的花朵吗？正是因为你一路的浇灌，它们才能成为靓丽的风景。"

每个人都有存在的意义与价值，要学会接受自己、相信自己，只有自己瞧得起自己，才能让他人认同你的能力。万万不可因为一时的不尽人意而放弃希望，当遇到瓶颈时，要用越挫越勇的精神，战胜心中的不良情绪，勇敢地做自己，并时刻提醒自己：我能行，我是最棒的！

智慧锦囊：如果连自己都瞧不起自己，那么谁会瞧得起你呢？

再美的风景里，也有尘埃

说实话，曾经的陈晓星并不觉得时晚晚是一个多么特别的女孩子，她甚至认为，时晚晚和她一样，是一个不拘小节，有些大大咧咧的"女汉子"，但从她踏入梦想工作室的那一刻起，她对时晚晚的认知就产生了翻天覆地的变化。

都说有梦想的人是最值得尊敬的，这句话放在时晚晚的身上一点儿也不为过，此时的她和平时判若两人，在讲解衣服的材质和设计灵感时，她的那双大眼睛炯炯有神，看上去仿佛聚集着璀璨的星光。

“你可真厉害！”陈晓星禁不住称赞，“和你相处这么久，没想到你还有这‘两把刷子’，真是深藏不露。”

“过奖了，”时晚晚边说，边帮着陈晓星挽上衣袖，“这都是我闲来无事的作品而已，不过我一直没有告诉你们，我的梦想就是希望长大后可以成为一名服装设计师，”说罢，时晚晚指向角落的杂货架，“你们看，我为了实现梦想，真的付出了很多。”

“那些是什么？”陈晓星拽住了高晶晶的手，拉着她朝着木架的方向走去，一个个正方形的纸箱里，分别装了满满的瓶盖、易拉罐和食品袋。

高晶晶好奇地拿起一个瓶盖，放在眼前仔细地瞧了瞧：“咦？这不就是普通的瓶盖吗？商场里、垃圾桶里随处可见，你收集这么多瓶盖做什么？”

“我本想用这些瓶盖做衣服的装饰，可是当我把它们固定在衣服上的时候，我才发现衣服变得又厚又沉，穿起来既不方便又不舒服，”说罢，时晚晚叹了口气，“唉……早知如此，我就不必每天费尽心思到大街小巷里收集瓶盖了……”

“那这些易拉罐是用来做什么的呢？”陈晓星接着问道，“该不会是你在设计服装的时候，口渴喝掉的吧？”

“别开玩笑了，我一个人怎么可能喝得下这么多呢？”时晚晚笑着道，“这些易拉罐也是我收集来的，我觉得易拉罐在阳光下闪闪发亮的样子很好看，于是灵光一现想要把易拉罐剪成碎片作为衣服的装饰，可是我在操作时发现，裁剪出来的易拉罐边缘非常锋利，根本就没有实用性。”

“没想到你在设计衣服的过程中，竟然发生了这么多的故事，”高晶晶感叹道，“如果不是听你说这些，我还以为设计一件衣服并不难呢。”

听了高晶晶的话，时晚晚意味深长地道：“成功哪有那么简单，不过跟瓶盖和易拉罐相比，最令我头疼的还是这些食品包装袋，想当初，我为了利用好它们可是操碎了心……”

时晚晚说得并不夸张，就在前不久的寒假里，时晚晚每天做得最多的一件事情，就是出门寻找各种各样的食品包装袋，并且在回家后将它们裁剪成想要的形状。为了找到合适的包装袋，无论是刮风还是下雨，她都坚持每天到家附近的商业街里寻觅，有的时候，甚至连垃圾桶也不放过。

可就算是如此，她也没有办法做出令自己满意的衣服，毕竟塑料制品不像棉布，缝纫后能固定成不同的形态，各种各样的包装袋就像是不听话的小孩，想要做成心中的样子简直难比登天。

说出了自己的“辛酸史”，时晚晚无奈地耸了耸肩，“后来呢，我明白了一个道理，在这个世界上，任何一件事情都不是完美的，比如瓶盖、易拉罐和包装袋，它们虽然都是不错的‘金点子’，可是都有弊端。”

时晚晚说得没错，世上原本就没有完美的事，比如在毫无征兆的情况下发生不可预知的事，在非常时期遇见了是非之人，可即使命运总喜欢开玩笑，也要学会拿得起和放得下。

鞋子脏了就一定要光着脚出门吗？头发乱了就非要把头发剪掉吗？大可不必总是抓着一些小小的瑕疵不放手，否则你得到的东西就会变成手中的沙，攥得越紧，沙子就失去得越多。

听时晚晚讲故事

人生如同缺了角的圆

曾经有一个缺了角的圆，它总是因为自己的缺陷而闷闷不乐，于是，它发誓一定要找到自己缺失的那一角，所以无论严寒还是酷暑，它都拼尽全力向前滚动。可是事情往往不尽如人意，由于它缺失了一角，导致它移动的速度非常缓慢，也正因如此，它才慢慢地静下心来，开始欣赏沿途的风景。

说也奇怪，当放慢了脚步，它发现天空比往日更蓝，河水比往日更清，最令它感到惊奇的是，在不知不觉中，它找到了缺失的那一角，因为在它移动的过程当中，它渐渐把自己磨成了完整的圆。

人生就如同缺了一角的圆，很多人都会为了寻找丢失的那一角，在人生的旅途中不停地奔跑，殊不知，在渴望完美、追求完美的过程中，完美已经与自己擦肩而过，而真正的完美，只有停下脚步，用心去体会。

时间会告诉你，最重要的不是前方的目的地，而是沿途那错过了就再也欣赏不到的风景。

智慧锦囊：没有绝对完美的事物，即使再美丽的风景，也会落有尘埃。

你无法做到让任何人都喜欢你

美好的时光总是短暂的，转眼间，殷红色的夕阳映照在了窗外的屋檐上，给周遭的一切涂上了一抹神秘的色彩，不远处的小山坡也随着夜暮的降临呈现出青黛色的轮廓。晚风徐徐地拂来，似乎在提醒着行走在路上的人加快脚步。

此时此刻，陈晓星裹着外套，和高晶晶肩并肩行走在小巷子里，走在她们前方的是两个穿着校服的女生，其中一个女生道：“你知道咱们小区的‘爱美丽’吧？我告诉你，她就是一个爱慕虚荣、自视甚高的人！”

“不会吧……”另一个带着针织围巾，个子娇小的女生惊讶地道，“‘爱美丽’不是出了名的好人吗？前些日子，我还听说她把一个迷路的小男孩送回了家，家长还亲自登门道谢了呢。”

“那都是她演技高超，”高个子女孩露出了鄙夷的神色，“她这种人，遇到表现自己的时候，怎么可能把功劳拱手让给别人呢？我最讨厌她那一副假惺惺的样子，真是令人反胃……”

这时，高晶晶轻轻拽了拽陈晓星的衣袖，示意她放慢脚步，她小声地在她的耳边道：“喂！我告诉你，我认识她们口中的‘爱美丽’。”

“真的假的……”向来喜欢听小道八卦的陈晓星来了兴致，“那个‘爱美丽’究竟是一个什么样的人？难道真像她说的那样爱慕虚荣吗？”

“她完全是胡说八道！”高晶晶跺了跺脚，急忙辩解，“‘爱美丽’是我邻居家的大姐姐，她是一个非常善良的人，常常给我辅导功课，还邀请我品尝过她做的糕点。这么好的大姐姐，怎么可能是她口中说的那个样子呢。”

听了高晶晶的解释，陈晓星叹了一口气：“看来，做得再好，也不可能得到所有人的喜欢，就像‘爱美丽’一样，即使再优秀，也没有办法得到那个女生的喜欢。”

“你这句话是什么意思？”高晶晶不解地看向陈晓星，因为在她的心中，邻居家的大姐姐就是她的偶像，不仅能歌善舞，人也特别的谦虚和温柔，这么努力的女生，为什么会有人不喜欢呢？

陈晓星想了想道：“很好理解，就如同字面的含义一样，即使你善待每一个人，也会有人看你不顺眼。举个例子来说，你取得了荣誉，有的人说你是靠运气；你帮助了他人，有的人说你假惺惺……总之，任何人做任何事，都无法让所有的人满意，我也是一样。”

“难道也有人看你不顺眼吗？”高晶晶半信半疑，“你可是班级里的开心果，不仅人缘好，还是学校里的小记者，怎么会有人不喜欢你呢？”

“你有所不知，不但有人不喜欢我，还有人肆意造谣，说我阴险狡诈，喜欢占小便宜呢！”说完这句话，陈晓星哭笑不得，“真是搞不清楚，大家都是初中生了，为什么还像小孩子一样，喜欢无中生有，搬弄是非。”

“是不是因为他们对你不熟悉、不了解，所以对你的认识产生了偏差？”高晶晶猜测道，并出了一个好主意，“如果你知道对方是谁，不妨开诚布公地和他们谈一谈，免得对方口无遮拦，对你造成不良的影响。”

“你说的方法我已经试过了，”陈晓星一五一十地道，“只是结果不如人意，对方不但没有收敛自己的行为，反而变本加厉，说我刻意地讨好他们，还说我仗着自己是校园小记者，在他们的面前‘臭显摆’。”

“真是太过分了！”高晶晶皱起眉头，“真没想到，在我们学校里，竟然还有这么可恶的人！”

“所以啊，我是绝对不会再去找他们，因为这和自取其辱没有什么区别，”陈晓星有感而发，“每个人都有原则和尊严，我也是一样，我不会为了这件事改变自己，更不会刻意地讨好他们，好在认识我的朋友都知道真实的我是什么样子的，所以任凭对方胡乱造谣，也不会对我产生大的影响。”

随后，高晶晶道：“看来，你之所以受欢迎是有原因的，希望大姐姐也和你一样，有君子的大家风范和无愧于心的心态，我也要向你学习，做一个即使面对流言蜚语，也能坦然做自己的人。”

陈晓星有话要说

想要所有人都喜欢你？别开玩笑了

同样的米，养不同的人。看待同样的一件事情，有的人抱着祝福的心态，有的人抱着看笑话的心态，还有的人抱着与己无关的心态。正因为人人有不一样的想法，人与人之间才会保持着神秘的距离。

因此，大可不必因为他人对你的敌意而伤脑筋，坦坦荡荡地生活，做最真实的自己，要清楚地知道，自己想要的是什么，应该如何去做。路在自己的脚下，要活出自己的人生，如果因为他人的干涉而偏离了正确的轨道，那将会是多大的遗憾？

做好自己分内的事，尽可能地做到无愧于心，要相信“你若芬芳，蝴蝶自来”的道理，选择志同道合的人并肩作战，把那些陷你于不仁不义的人抛在一边，相信你的选择会为你省去很多麻烦，同时，引领你走向幸福、快乐的人生之路。

智慧锦囊：如果你没有办法让所有的人都喜欢你，那就问心无愧地做自己。

想要改变世界，不如先改变自己

“一二三四，二二三四，三二三四，四二三四，再来一次！一二三四，二二三四……”

一进家门，累了一天的陈晓星就听到客厅里传来了口号声。此时此刻，陈妈妈正用双臂支撑着身体，俯卧在瑜伽垫上，奋力地向后仰着头，这个瑜伽动作看起来简单，但是对于体型肥胖的陈妈妈来说，可是一个莫大的考验。这不，动作没坚持多久，汗水就顺着脸颊流向脖颈，慢慢浸湿了她的衣领。

“妈！您这是做什么？”陈晓星边说边上前，伸出手想要把陈妈妈从瑜伽垫上拉起来，可是身材瘦弱的她心有余而力不足，即使使出了吃奶的劲儿，陈妈妈还是保持着原来的姿势不肯起身。

“没事，没事，”陈妈妈故作镇定地做了一个深呼吸，紧接着，她按照电视上瑜伽教练的指示，将左腿向上慢慢抬起，可腿抬起来还没有几厘米高，陈妈妈就痛苦地皱起了眉头，嘴巴里喊着“疼”。

陈晓星站在一旁不知所措，她搞不明白，一向不爱运动的妈妈怎么忽然之间练起了瑜伽？与此同时，陈爸爸手拿收音机从卧室里走了出来，陈晓星凑过去问他：“老爸！老爸！妈这是怎么了？”

陈爸爸先是摇了摇头，紧接着看向咬紧牙关的陈妈妈，调侃道：“你妈啊，现在正在和衣服赌气呢！”

“和衣服赌气？”陈晓星还以为是自己听错了，连忙重复了一遍关键词，追问道，“衣服是谁？”

“衣服不是谁，衣服就是穿在身上的衣服，”陈爸爸说这句话的时候像是在说绕口令，见陈晓星还是一脸云里雾里的样子，他干脆走进房间，拿出了几个包裹抱怨道，“这些都是你妈妈在网上淘来的‘战利品’，可是衣服太小她一件也穿不上，心血来潮就霸占了电视说要练瑜伽，害得我只能听这个‘老古董’打发时间……”

“我明白了，”陈晓星幸灾乐祸地笑出了声，“原来妈妈是因为买不到合适的衣服，伤了自尊，所以下决心想要减肥，对吗？”

陈妈妈气喘吁吁地道：“我……我不能让漂亮的衣服变大，我只能……只能让自己瘦……”话还没说完，“扑通”一声，陈妈妈因体力不支，整个人趴在了瑜伽垫上，她喘着粗气，断断续续地说，“减肥……减肥真的是太……太痛苦了……”

“何必勉强自己呢？”陈爸爸边说边走向厨房，“一口吃不成胖子，一顿也饿不成瘦子，我看你还是顺其自然吧。”

“顺其自然我就不可能穿上我喜欢的衣服了，”陈妈妈擦了擦额头上的汗珠，“人没有办法改变世界，但是可以改变自己，只要我坚持，就一定可以瘦下来，不是吗？”

陈妈妈说得没错，人生在世，难免会有事与愿违的状况发生，有些小的状况可以顺其自然，忽略它的存在，但还有一些事情，如不及时处理，就会对自己和他人造成影响。在这种情况下，如果改变不了已经发生的结果，那就尝试着通过改变自身来解决问题吧！

不要总是抱怨这个世界的不公平，因为生活环境和教育环境的不同，人们之间会有个体的差异性，当你并不适应眼前的大环境时，请勇敢一点面对现实，要知道，这是一个竞争的时代，如果你不进步，就会被他人超越。

看淡暂且的得失，珍惜眼前的每一分、每一秒，让每一个今天都不再留有遗憾，让未来因为今天的努力而改变，在最宝贵的时光里，成就最好的自己。

陈妈妈有话要说

改变自己，就等于改变未来

有人在英国威斯敏斯特教堂的地下室里看到了这样一段话：“曾经的我想要改变世界，可当我长大以后，我发现我没有办法去实现曾经的诺言，所以我将目标缩短为改变我的国家，只是到了晚年，我依旧没有办法实现诺言，再后来，我希望自己可以改变我的家庭，可病入膏肓的我又有什么能力去实现诺言呢？于是我开始回忆从前，我想，如果当时的我没有想要改变世界，而是先改变自己，或许我就可以改变我的家庭，在家人的帮助下，我可能会为国家做出一点儿贡献，如果我再有一些能力，说不定就可以改变世界了。”

没错，想要改变世界，不如先改变自己。要知道，只有付出了努力，心中的树苗才能够成长为参天大树。现在的你还年轻，还有时间和精力做你想做的任何事情，但当你遇到了阻碍，不妨先从自身寻找原因，改变处世的态度，最终解决问题。

总之，在向前奔跑的道路上，不要责怪眼前有太多的荆棘，挑战它们，战胜它们。要知道，只有跨越了过去，才能让未来更好地到来！努力的少年，你准备好了吗？

智慧锦囊：想要改变世界，那就先从改变自己做起吧！

第二章
学会接受“善意”的挫折

有暗礁的地方，一定会激起浪花

陈晓星的同桌肖卓然是一个性格直爽的男生，他四肢发达，头脑又聪慧，不仅是班级里的体育担当，还是令人敬佩的“数学小博士”，但凡同学们在数学上有什么疑问，都会向他请教，他也从来没有让同学们失望过。只是这一次不知道发生了什么事情，肖卓然一连三天都请了病假，于是在放学后，陈晓星和高晶晶决定去医院一探究竟。

“他该不会是得了什么重病吧？”在去医院的途中，高晶晶禁不住猜测道。

“呸呸呸！别胡说八道，”手捧百合的陈晓星急忙捂住了高晶晶的嘴，“人家可是病人，你能不能说点好听的？”

意识到自己失言的高晶晶尴尬地吐了吐舌头：“或许只是一般的小感冒而已，最近的天气温差很大，感冒了也不足为奇，”说到这儿，高晶晶顿了顿，“只是肖卓然虎背熊腰的，竟然会生病，还真不是意料之中的事。”

高晶晶说得没错，肖卓然虽然只是14岁的少年，但是他现在已经是一个身高1.75米的“大块头”了，加上成熟的外表和粗犷的嗓音，不认识他的人，很难把他和“初中生”这三个字联系到一起。甚至有一次，一位三十多岁的男士直呼他为兄弟，这一称呼让肖卓然不知道是该哭还是该笑。

也正因为如此，陈晓星才分外担心，周五那天肖卓然还在操场上活蹦乱跳的，怎么两天不见，就请了病假，住进医院了呢？想到这里，

陈晓星下意识地加快了去医院的步伐。

简单而又整洁的病房中，一个身材高大的男生安静地躺在病床上，他脸色蜡黄，看上去没有一点儿血色，裸露在被子外的右手上打着点滴，药水正顺着导管一滴一滴地进入他的身体，憔悴的模样看上去着实令人心疼。

陈晓星轻轻地推开了门，并小声道："肖卓然，我们来看你了。"

随后，听到了响动的肖卓然缓缓地睁开了眼睛，他诧异地看向陈晓星和高晶晶，张开了发白的唇，吐出了三个字："是你们？"

"我们两个人代表全班同学来探望你，希望你可以早日康复。"陈晓星边说，边把买来的鲜花放在了窗台上。顿时，原本毫无生气的病房里飘散开了百合花的清新香气，带来了一丝温馨。

与此同时，办理完出院手续的肖妈妈推开了门，见有人探望，便热情地问道："你们是肖卓然的同学吗？这么远还麻烦你们跑一趟，真是不好意思。"

"我是肖卓然的同桌，我叫陈晓星，"陈晓星大方地做起了自我介绍，接着，她把拘谨的高晶晶拉到了身边，"这是高晶晶，我们同在一个班级，同学生病了，我们来探望是应该的。"

"真是两个成熟又讨人喜欢的姑娘，"肖妈妈禁不住道，"我们家卓然和你们比，就差得多了，说出来不怕你们笑，不就是一个奥数比赛吗？失利了就失利了，竟然还大病了一场，白长这么高的个子了……"

"妈！"被戳到了痛处的肖卓然急忙打断了肖妈妈的话，"在我的同学面前就不要说这些了，这也太没有面子了……"

如果不是肖妈妈脱口而出，陈晓星和高晶晶还以为肖卓然只是单纯的感冒发烧，可事实证明，真相并非如此。原来，肖卓然是因为奥数比赛失利，才急火攻心卧床不起，听起来有些小题大做，但是也可以理解，毕竟肖卓然是班级里的"数学小博士"，引以为傲的数学被他人比了下去，难免会心里不平衡。

得知事情来龙去脉的陈晓星开口道："我还以为是什么大不了的事情呢，不就是奥数比赛失利了吗？对我来说，就像是走路摔倒了一样稀松平常。”

“对你来说很平常，但是对我来说意义就不一样了，”肖卓然依旧没有迈过心里面的那道坎儿，“比赛失败了，我不知道应该怎么面对我的朋友，早知道如此，我就不在比赛前夸下海口了……”

“是你想得太多了，”高晶晶也禁不住安慰道，“事情没有你想象的那么严重，再说了，谁没有失误的时候，谁没有经历过失败呢？和我相比，你已经优秀很多了，所以你就不要再自责了。”

“高晶晶说得对，”陈晓星一脸的淡定，“人生不如意之事十有八九，但风雨过后，总会有彩虹出现，毕竟人生中处处充满挑战，不是吗？”

没错，人生不可能一帆风顺，一个人的成长也是一个不断与命运对抗的过程，如果因为一时的失利而萎靡不振，那岂不是太懦弱了？要知道，眼前的得失只是暂时的，无论是输还是赢，它都不是决定你未来的唯一因素。

学会用一颗坚强的心，正向地看待出现的问题，不要因为大海里多了一块暗礁而觉得扫兴，应该因此而感到庆幸，因为只有有暗礁的地方，才能激起更美丽的浪花。有了失败，才能够正确地认知自己的能力，从而激发自己，让自己获得进步。

人生就是要不断地尝试，不断地挑战，在没有公布结果之前，没有人有提前预知的能力。因此，要学会调整好心态，做万全的准备，告诉自己，拼尽全力去努力，即使输了也无怨无悔，大不了吸取教训，重新再战！

陈晓星有话要说

永远不要熄灭心中的希望之光

著名作家高尔基出身贫寒，从小就尝尽了人间的辛酸，可即使命运没有偏爱他，他依旧没有放弃希望，每当休息的时候，他都会看书写作，最终成了令人敬仰的著名作家。

家喻户晓的大发明家爱迪生也是一样，喜欢发明创造的他买不起实验用的器皿，就跑到大街上捡废弃的瓶瓶罐罐，有一次他因为实验失败，还被打了一记重重的耳光，导致他一只耳朵失聪。即便如此，他也没有心灰意冷，而是重新振作，加倍用功，后来通过刻苦努力，创造了一个又一个的奇迹。

可见，每一个人成功的背后，都有不为人知的心酸旅途。成功的人之所以成功，就是因为他们知道一个道理——眼前的挫折并不是人生之路上的绊脚石，而是激励他们勇往直前的基石，只有把这些基石踩在脚下，才能走得更远。

走出阴霾，迎接未知的挑战吧！相信自己可以做到最好，在有限的生命里，成就最不平凡的自己。

智慧锦囊：不要因为一点小小的失败，就熄灭心中的希望之光，只有照亮了脚下的路，才能够让自己走得更远。

眼前的难题，真的有那么难吗？

交谈的过程中，吊瓶里的药水正如时间一般悄悄流逝，转眼间，药液到了瓶底，最后，可以清晰地看到导管里的药水迅速减少。肖妈妈急忙按了呼叫铃，可是几十秒过去了，依旧没有任何回应。

这下子，慌了神的肖卓然急忙大喊着：“护士！护士！”只可惜此时正是护士的交接班时间，直到药水所剩无几，护士还是没有赶过来帮他拔针。

“这可怎么办！”肖卓然情急之下哽咽道，“如果空气通过针头注入了血管里，是会有气体栓塞的危险的！轻则胸闷气短，重则死亡！”

“天啊！竟然会这么严重！”坐在凳子上的陈晓星倒吸了一口凉气，下意识地站起身，朝着门口的方向跑去，可就在这时，肖妈妈制止了她的行动。

“小姑娘，别急，”肖妈妈边让大家镇定，边俯下身子解开肖卓然手上的胶布，没有半点犹豫，她用另一只手的拇指紧紧摁住针孔的位置，另一只手猛地向后一抽，针头就这样被肖妈妈拔了出来。

整套动作从开始到结束不足三秒钟，也正是这看上去轻而易举的举动，让肖卓然脱离了“生命危险”。经历了“劫后重生”的肖卓然用手拍了拍因为紧张而加速跳动的心脏，呼出一口气道：“有惊无险……有惊无险……”

而肖妈妈却不以为然地开口道：“眼前的难题真的有这么难吗？只是拔一个针头而已，多么简单的事情啊！”

肖妈妈的这句话说得不无道理，不就是拔一个小小的针头吗？即便是护士不在，也可以自己动手将其拔掉，轻而易举地解决问题。如果被一个小小的针头打败，那谁还会承认你很优秀呢？

其实，在问题发生时，一切都没有你想象的那么恐怖，很多时候，人不是因为难题而退缩，而是被自己丰富的想象力吓倒了。与其自己吓自己，还不如静下心来，用心思考应该如何解决问题，这才是重中之重。

学会高效率地解决问题，而不是在难题的面前拖拖拉拉，或怀着侥幸的心理蒙混过关，不要把上天给予你的磨难看作无法攀登的高峰，即使再高的山，只要有勤劳的双腿，也一定可以到达顶峰。

人为什么要不断地尝试，不断地挑战呢？就是为了激发自身的潜能，战胜曾经那个懒惰的自己，实现人生的价值。把挫折当做最好的良药，相信它们的到来带着一丝善意，会帮助你更好地认知自己。

不要排斥眼前的阻碍，也不要把挫折的影响扩大化，影响自己的情绪和判断。仔细地想想看，眼前的难题真的有那么难吗？是真的无法逾越，还是因为胆小而临阵脱逃了呢？多一点责任心，跨越生命中的各个关卡，相信努力解决问题的你，一定会为自己创造一个个小小的奇迹。

听肖妈妈讲故事

勇敢地面对眼前的难题

说起张海迪，很多人都会在脑中弹出一系列的赞美之词，比如“坚强”“聪慧”“有才华”……但是最令人敬佩的，是她那不服输的精神和永不言弃的人生信条。

张海迪 1955 年生于济南，可爱的她成了全家最宝贝的礼物，可是好景不长，在五岁的时候，她患上了脊髓病，胸以下全部瘫痪。本以为强大的打击会让张海迪失去希望和信心，可是令所有人没有想到的是，即使她无法像正常的孩子一样出入校园，可是她没有向命运妥协，而是奋发图强，最终在家里自学了中学课程。

除此之外，张海迪为了培养自己的一技之长，每天捧着书自学各国语言，还抽空学会了针灸，为了答谢父老乡亲长期以来给予她的帮助，她还免费给乡亲们看病。

在残酷的命运面前，张海迪没有妥协，而是用坚强的心，勇敢地面对所有未知的挑战，最终战胜了自己，为社会做出了贡献，也改变了自己的命运，就连邓小平都赞许道：“向张海迪学习，做有理想、有道德、有文化、守纪律的人！”

只有守得了黑夜，才能够看到清晨的第一缕阳光！做最勇敢的自己，不怕挑战，不怕挫折，用一颗平常心面对一切可能的改变，相信自己，你会成为人生舞台上最耀眼的那颗星！

智慧锦囊：人生没有你想象的那么恐怖，很多时候，人不是因为难题而退缩，而是被自己丰富的想象力吓倒了。

被挫折打败的你，一点儿也不像男子汉

肖妈妈的一席话让肖卓然感到非常惭愧，可能连他自己都没有想到，一直以“男子汉”自居的他竟然会被一个小小的针头吓到哭鼻子。为此，他低下头，对着陈晓星和高晶晶轻声道：“我刚刚的样子，是不是很不像一个男子汉？”

高晶晶不知如何回答，因为在她的心里，肖卓然确实有些不够冷静，小题大做了，可是他现在是一个病人，况且在紧急情况下，人难免会有失常态，所以一时之间，高晶晶选择了沉默。

这时候，陈晓星缓缓开口，说出了一句令人沉思的话：“你是不是男子汉我不知道，但是我知道，一个真正的男子汉，是不会被挫折打败的。”

陈晓星虽然没有直接回答肖卓然的问题，但是在场的所有人都听出了她的言外之意，对此，陈晓星也毫不避讳：“在我的心里，真正的男子汉雷厉风行，无论做任何事情，都有自己的章法和原则，他不在意流言蜚语，更不畏挑战，即使遇到了难题，也会静下心来解决问题，他不会逃避现实，总是积极乐观地对待每一天。”说到这儿，陈晓星看向肖卓然，“你觉得现在的你还是一个男子汉吗？”

面对陈晓星的直言不讳，肖卓然垂下了眼，犹豫了片刻后，他呢喃出声：“可能从开始到现在，我都不是一个男子汉吧……是我高估了自己的能力，让大家失望了。”

“你应该对自己有点儿信心，”陈晓星安慰道，“我说这些不是为了打击你，而是希望你可以从现在开始振作起来，如果连你自己都怀疑自己不是一个男子汉了，那么谁会把你当成一个男子汉呢？”

犀利的言语让整间病房的气氛变得尴尬不已，一直没有出声的高晶晶打了圆场，她拽了拽陈晓星的衣袖，故作轻松道：“时间不早了，肖卓然还要休息呢，我们也该回家了……”

本以为整件事情会就此收场，可令所有人没有想到的是，在关键

时刻，肖妈妈站起了身，用严肃的口吻对着肖卓然道：“晓星说得对，现在的你太不像一个男子汉了，因为这点挫折就一蹶不振，你太让我失望了！”

“阿姨，”陈晓星急忙制止了肖妈妈接下来的话，“您怎么也……”

“我应该早一点和肖卓然说这些道理，”肖妈妈打断了陈晓星的话，并且问肖卓然，“你还记得在你小的时候，我给你讲过的关于巴雷尼的故事吗？”躺在病床上的肖卓然没有说话，只是木讷地摇了摇头。随后，肖妈妈滔滔不绝地讲述了巴雷尼的一生。

不被挫折击倒的巴雷尼

巴雷尼出生在一个普通的家庭里，他从小就体弱多病，并在一次大病中成了残疾。见自己的孩子无法像普通的孩子一样生活，他的妈妈整日以泪洗面，可是为了让巴雷尼重拾信心，她选择振作起来，并且给予了他很大的鼓励和支持。

巴雷尼的妈妈每天对巴雷尼说得最多的一句话就是：“亲爱的孩子，勇敢一点，妈妈相信你是一个不畏困难的人，你要像妈妈相信你一样的相信自己，只要坚持努力，你一定会比其他的孩子跑得还要远！”

妈妈的话如同铁锤一样敲击着巴雷尼的心扉，在妈妈的鼓励下，巴雷尼重拾了信心，选择勇敢地面对挫折和挑战，于是，无论严寒还是酷暑，他都努力地练习走路，学习体操，即使身体的不适让他一次又一次地跌倒，他还是没有放弃。

巴雷尼的妈妈再苦再累，也每天坚持陪着巴雷尼完成训练，有一次她得了重感冒，高烧不退的她连起身都觉得困难，可一想到巴雷尼还需要她的鼓励和支持，她就咬着牙坚持了下来。

后天的努力弥补了先天的缺陷，在妈妈的影响下，他终于克服了困难，经受住了上天带给他的考验。后来，他谨遵妈妈的教诲，认真读书，踏实做人，在学习期间，他的成绩一直在学校里名列前茅，最终顺利地考入了维也纳大学医学院，并在大学毕业后，登上了诺贝尔生理学和医学奖的领奖台。

讲述完了巴雷尼的人生经历，肖妈妈语重心长道：“只要努力，没有什么事是做不到的，现在的你只是经历了一点小小的挫折，就灰心丧气，以后踏入了社会，如何面对竞争和挑战呢？”

肖妈妈的担心不无道理，生活在竞争激烈的今天，无时无刻不面临着选择和挑战，很多时候，你在和他人竞争，但更多时候，最难打败的敌人就是自己，只有战胜了心中那个懦弱的自己，才有可能获得成功。

在面对挫折的时候，选择逃避还是选择迎难而上，往往决定了你是否能够突破重围，让自己变得更优秀。要记住，眼前的挫折并不可怕，可怕的是你没有一颗勇敢的心去面对挫折，从现在开始，坚强一点，自信一点，相信你的勇敢会引领你走向成功之路。

肖妈妈有话要说

不要把眼前的磨难，当做不可逾越的高山

开普勒是德国著名的天文学家，可是很少有人知道，他的一生多灾多难——在母亲腹中发育了七个月就来到了人世间，可怕的天花夺去了他快乐的童年，猩红热又让他的眼睛失去了健康。尽管如此，他还是顽强地生活，并把所有的时间和精力用来读书。

本以为命运不会再捉弄他，可上天再次和他开了一个玩笑，父亲的欠债让他不得不选择辍学，不能上学的他只能在家里边自学边研究天文学。后来，他经历了病痛、亲人的过世等一系列的折磨和打击，命运的多舛让他变得更加顽强，最终，在他 59 岁的时候，他发现了天体运行的三大定律，成了令人敬佩的“天空立法者”。

每一个人成功的背后，都经历过数不清的困难和挫折，这似乎是上天有意在考验人们，是否有足够的能力和勇气战胜自己。所以，在挫折的面前，不要灰心，也不要丧气，而是要重拾信心，完成挑战。

智慧锦囊：在挫折中振作起来，勇敢地完成未知的挑战，相信你的顽强一定会让你排除万难，成就最优秀的自己。

学会接受，会把很多复杂的事情简单化

说了这么多，肖妈妈终于说出了重点，她拍了拍肖卓然的肩膀，苦口婆心道：“卓然，既然已经办理了出院手续，那明天就去学校里上课吧。”

“我不去，”肖卓然想都没想就拒绝道，“这次奥数比赛第一轮就被淘汰了，如果让我的朋友们知道，岂不是会被他们笑掉大牙？我可不想被他们笑话。”

见肖卓然还是这副我行我素的倔脾气，替他担心的陈晓星禁不住想要开口劝慰，可就在她准备说出“事情并不是你想象的那样”时，突兀的敲门声打断了她的思路，也让病房里所有的人把视线移向了门外。

房门缓缓打开，站在门外的，是一个身穿蓝色运动装，脚踩着白色运动鞋的女士，她有一双令人过目不忘的丹凤眼，配上用眉笔勾勒出的柳叶眉，乍看之下像是从古代穿越而来的女子。

“老师？”

随着陈晓星的一声轻唤，肖妈妈手足无措地站起，并且惊讶地道：“史老师？您怎么来了？”

没错，眼前窈窕的女士不是别人，正是初二（1）班的班主任——史老师。史老师是一个85后年轻女教师，教学经验虽然没有其他的老师丰富，但她为人耐心、有亲和力，所以深得同学们的喜爱。她笑着开口道：“听说肖卓然同学在这里住院，我就趁着下班过来看看，”说罢，她把果篮放在了桌上，走到肖卓然的病床前，俯下身子，“怎么样？病好一些了吗？”

“还……还好。”看得出来，肖卓然并没有预料到史老师会来探望他，所以一时之间有些受宠若惊。

这时，肖妈妈补充道：“有劳史老师挂念了，卓然没有什么大碍，我已经办理了出院手续，等一下就可以出院了。”

“您别客气，肖卓然是我的学生，我来探望是应该的，知道没什么大碍，我也就放心了。”说罢，史老师转移了话题，“既然已经办理了出院手续，那在身体允许的条件下，尽快回学校上课吧！最近各科老师讲了很多重点知识，你要快点补上才可以。”

“我还是再休息几天吧……”肖卓然露出了为难的神色，好像上学是一件“苦差事”一样。

史老师一听，立即紧张起来：“难道身体还有哪里不舒服吗？用不用再叫医生做一套全面的检查？”

“根本不是那回事儿，”肖妈妈摆摆手道，“卓然这孩子就是好面子，他在奥数比赛中没有晋级，怕同学们笑话他，所以才不想去学校里上课的……”

“妈！”肖卓然再一次打断了肖妈妈，“您就不要再说了，您再说的话，估计全世界都知道我比赛失利的事情了！”

听了母子俩的对话，一直被蒙在鼓里的史老师这才知道了事情的来龙去脉，她想了想道：“你知道吗？奥斯特洛夫斯基只读过三年的小学，在本应该无忧无虑的童年里，他却与枪林弹雨做伴，后来，他长大成人，又因为一次意外失去了自己的右眼，重重的伤痛让他苦不堪言，可他依旧选择了面对现实，顽强地与命运作斗争，这才成了他人学习的榜样。和奥斯特洛夫斯基相比，你的遭遇不值一提，不是吗？”

不得不承认，史老师的话不多，却很有说服力，见肖卓然陷入了沉思，史老师接着滔滔不绝地说：“既然事情已经发生了，那就勇敢地面对它，不要把结果想象得那么复杂，否则你就是在自寻烦恼。”

“史老师说得对，”肖妈妈接着道，“谁没有失利的时候呢？很多时候，你在乎的越多，往往失去的就越多，不必在意眼前的输赢，因为无论是输还是赢，眼前的得失都是暂时的，它不会阻挡你前进，所以你现在要做的，就是接受现实。”

两个大人说得都有道理，在现实生活当中，不免有太多的失意，想要获得成功，有些时候心态比才能更加重要。有好的心态，才能发挥出自己百分之百的实力，让青春不留遗憾。

而很多的青少年恰恰不懂得这一点，有一点风吹草动，就选择逃避或是放弃，请问，即使再有才华的人，如果不敢面对现实的挑战，还有什么成功可言呢？所以，要勇敢面对每一个结果，把挫折当做教训，才能激励自己走得更远。

史老师有话要说

现实无法改变，你能做的只有接受它

每个人都希望拥有可以改变过去的魔法棒，当获得了不尽如人意的结果时，拿出魔法棒一挥，就可以重新面对问题，做出不一样的抉择。可是现实往往就是那么的不近人情，即使悔不当初，也没有办法改变过去。

与其因为无法改变的结果劳心费神，还不如从容地接受它，再想方设法弥补自己的失误，把行动当做唯一解决问题的方法，告诉自己：人生不如意之事十有八九，输赢乃人生常态，只要再接再厉，就不会留下遗憾。

不要把自己逼上绝路，上帝给你关上一扇门，同时也会为你打开一扇窗。要知道，成功的路不会永远平坦，但只要对自己有信心，就可以实现自己的价值。从现在开始，坦然地面对所有的结果吧！平静地接受现实，也是珍惜自己的一种方式。

智慧锦囊：如果结果无法改变，那唯一能做的，只有接受它。

爬起来后，要知道自己为什么跌倒

见时候不早了，陈晓星和高晶晶先行一步，踏上了回家的路，可是当她们走到医院门口时，就看到了让人深思的一幕……

在楼梯口附近，一个三四岁的小男孩正趴在冰冷的地面上号啕大哭，他穿着薄棉袄，胖嘟嘟的小脸蛋冻得通红，不知道是因为受到了惊吓，还是因为手中的玩具手枪摔断了把手，豆大的泪珠顺着他的脸颊滚滚而下，可怜兮兮的样子看上去令人心疼不已。

不知道为什么，围观的人很多，但是没有一个人上前搀扶，难道小男孩的爸爸妈妈不在附近吗？陈晓星边想，边大步流星地走上前，蹲下身子问道："小朋友，你怎么摔倒了？你的爸爸妈妈呢？"

小男孩只顾着发泄自己的不满，完全没有理睬好心好意前来关心他的陈晓星。

见小男孩不理睬自己，陈晓星干脆一把拉住小男孩的两只胳膊，想要把他抱起来，可就在这个时候，一个身穿中山装的高大男子上前一步，用严厉的口吻道："不要帮助他，让他自己爬起来。"

这个陌生的男人是谁？愣在原地的陈晓星脑子里面蹦出了一个大大的问号，如果是围观群众，他为什么要阻止自己的行为呢？如果他是小男孩的家长，为什么要让孩子出这种洋相？

见陈晓星的眼神里满是疑惑，这位男子开口解释道："我是他的父亲，我不允许任何人搀扶我的小孩，因为我要让他学会自己站起来，并且想清楚自己为什么跌倒。"

听了小男孩爸爸的解释，陈晓星终于明白了他的良苦用心，因此，她也不再固执，而是起身后退，走到了高晶晶的身边，对着她耳语道："这个爸爸不简单，从小就教育他的孩子，让孩子明白跌倒了要自己爬起来，并吸取经验教训，避免重蹈覆辙的道理。"

"可是我还是不太明白，"高晶晶表示不解，"一个咿呀学语的儿童怎么会懂那么多的大道理呢？如果我是孩子的家长，我一定会在第一时间把自己的孩子搀扶起来，并且仔细查看他有没有受伤，"说罢，高晶晶看向面无表情的男士，"我才不会像他一样，没有一点儿人情味。"

"我倒是觉得小男孩的爸爸做得没错，"陈晓星和高晶晶的观点产生了分歧，"一个人性格的养成和家庭环境是息息相关的，所以，在一个人小的时候，就要培养好的习惯，让好的习惯生成好的性格，这样长大后才可以勇敢地面对更多的挑战。”

陈晓星的话音刚落，小男孩就停止了啜泣，吃力地爬了起来，小男孩的爸爸缓步走到了小男孩的身边，轻声道：“很好，现在你可以告诉我，你为什么会跌倒吗？”

小男孩断断续续道：“因为……因为我走路的时没有看到石块，所以才会被石块绊倒……”

“既然你已经知道了你为什么跌倒，那下一次还会走路不小心吗？”小男孩的爸爸又问道。

“不……不会了，”小男孩委屈地摇摇头，“我以后不会走路的时候不小心了……”

这本是小小的插曲，却给了陈晓星和高晶晶很大的触动，虽然她们不会在平地上轻易地摔倒，但在现实生活当中，无处不在的挫折也会成为人生之路上的绊脚石，阻碍人们获得成功。

当陷入困境时，不要自怨自艾地等着他人的营救，而是要振作起来，冷静地思考一个问题——自己为什么会跌倒？只有意识到了自身的问题，才能够在重新站起来后避免重蹈覆辙。

听小男孩的爸爸讲故事

晏子知错改过

有一次，晏子在晋国偶遇了一个衣服破烂不堪的人，晏子从他的行为举止感觉到了他的才气，于是便问道：“请问先生尊姓大名？”对方回答道：“我是越石父。”晏子一听是越石父，惊讶地睁大了眼睛道：“为什么您会沦落到这个地步？”越石父无奈地道：“为了生活，我已经给别人当了三年的仆人。”晏子觉得很惋惜，于是当机立断，把越石父赎了回来，并把他带到了齐国。

本以为新的生活就要开始了，可是当到了晏子的家后，越石父发现晏子把他视作隐形人，即使迎面而来也连个招呼都不打。对此，越石父很不满，并且要和晏子断绝往来。晏子得知此事，大为不解："想当初我是看你可怜，没有办法施展自己的才华，才把你赎了回来，可是现在你竟然恩将仇报，如此绝情！"越石父也说出了自己的看法："人生最大的悲哀就是得不到知己，我本以为你了解我，你会是我的知己，但是现在看来，你对我的态度，只是让我换一个地方做仆人而已！"

越石父的话说得有些偏激，但却深深地刺痛了晏子的心。思前想后，他找到了越石父，并且勇敢地承认了自己的错误，他敢于承认错误，并且积极改正错误的模样，让越石父非常钦佩，就这样，两个人成了无话不谈的好友。

人非圣贤，孰能无过？既然人人都会犯错，那为什么还要揪着小小的错误不放手？学会跌倒后自己爬起来，吸取经验教训，努力改正错误，相信未来的你一定会因为现在的勇往直前而收获到更多。

智慧锦囊：无处不在的挫折会成为人生之路上的绊脚石，在跌倒的时候，记得爬起来，也要记得自己为什么会跌倒。

感谢生命中出现的"善意"的挫折

三月本是万物复苏、春暖花开的季节，但是今年偏偏一反常态——已经到了三月底，凌厉的寒风还是像尖刀一样刺骨，就连路边的小草都在恶劣的天气里无精打采地低下了头。

路灯下，陈晓星把手揣在口袋里，打了一个冷战："这是什么鬼天气，白天在学校里热得汗流浃背，到了晚上就变了天，这一冷一热的，真是让人受不了。"

"就是，就是，"高晶晶附和道，"这简直就是在摧残'祖国的花朵'，在这么冷的天气里，花儿怎么可能美丽地绽放呢？"

两个人边走边聊，很快就来到了离家不远的十字路口，此时此刻，马路上车辆川流不息，趁着等红绿灯的间隙，陈晓星靠在了栏杆上，深呼一口气，哈出的热气在空气中液化成了小水滴，形成了一团白气。

就在这时，一个浑身烟酒气的男子从她们的身边经过，他不顾来往的车辆，大步一迈，就朝着马路对面走去，不但如此，他还将手中没有熄灭的烟头随手扔到了草坪里。

“这个人真是太过分了！”陈晓星立刻打开书包拿出水壶，用水壶里的水将烟头浇灭，见点点的红星消失不见，这才把悬在嗓子眼儿里的心重新放回了肚子里。

见陈晓星如此紧张一个烟头，高晶晶一时之间有些困惑，她缓步上前，拍了拍陈晓星的肩膀，轻声说道:“这只是一个小小的烟头而已，在这么冷的天气里，应该不会引发火灾的。”

“无论什么时候都要防患于未然，”陈晓星一脸严肃地道，“你可不要小看火的威力，很多时候一个小小的火花，就可能酿成大祸。”说罢，她俯下身子挽起了自己的裤腿，高晶晶这才发现，在陈晓星的右小腿腿肚上，有一个拇指般大小的疤痕。

“这是怎么回事？我从来都不知道，你的腿上竟然有这么严重的伤。”高晶晶急忙问道。

“这是我小的时候玩火留下来的疤痕，”陈晓星陷入了对往事的回忆，“那时候我还不懂事，有一天下午，我趁着大人不注意偷偷把玩桌子上的火柴，就是一个不小心，燃烧的火柴掉到了我的小腿上，如果不是我的家人及时赶到，恐怕留下的就不仅仅是一个小小的疤痕了……”

“怪不得你会如此在意刚刚那件事情，原来小时候的你经历过这么大的痛苦，”高晶晶同情地拉了拉陈晓星的手，“既然事情已经发生这么久了，你就不要再因此而难过了，好吗？”

“我并不会因此而难过，反而，我感谢那一次的经历，”陈晓星乐观地笑了笑，“不瞒你说，小时候的我比男孩子还要顽皮，如果不是因为那一次玩火，我不知道还会捅出多大的娄子呢！”

“你总是这么乐观，”高晶晶感叹道，“如果换作是我，这种伤痛我恐怕会记在心中一辈子！小时候我被海水呛到之后，就再也不敢游泳了。”

“可能是我的心态跟你不一样吧，”陈晓星想了想，“我从来不会把挫折当作人生的苦难，反而，我会把挫折当成善意的提醒，因为有了挫折，才会知道自己哪里做得不对，哪里需要改进。只有不断地改进，才能让自己变得更加优秀。”

陈晓星说得没错，人生要经历很多的痛苦和挫折，这并不是人生之路上的绊脚石，而是对一个人的历练，是一个人成长的必经之路。学会把挫折当成一种体验，只有经历过挫折，才能明白自己的欠缺之处，所以，要感谢生命中出现的挫折，是它们让你越挫越勇，最终走出黑暗，走向光明。

陈晓星有话要说

挫折是人生的必经之路

试想一下，如果一个人的一生总是一帆风顺，那么，在成长的过程中，他还能看到自己的缺点和不足吗？答案当然是否定的，只有经历过坎坷，遇到了挫折，才能让你有一个明确前进的方向。

把挫折当成人生的必经之路，要懂得认真地权衡利弊，从容地面对所有的难题。只有勇敢地面对挫折，才能让自己获得进步。反之，如果在非常时刻选择了逃避或者推卸责任，那将会成为终身的遗憾。

把所有的挫折都当作善意的提醒，它是人生的必需品，就如同风雨过后的彩虹，如没有经过狂风暴雨的洗礼，它怎能如此的光彩夺目呢？总之，调整自己的情绪和心态，扬起前进的风帆，相信越挫越勇的你会在航行的过程中找到人生的方向，最终开辟出一条属于自己的黄金之路。

智慧锦囊：挫折是人生的必需品，把挫折当成善意的提醒，激励自己勇敢地前进。

把经历当教训，下个路口记得拐个弯

回到家后，电视上演的正是陈妈妈平时最喜欢看的《美食之家》，《美食之家》的主持人端的盘子里放着一条鲤鱼，在他前面的操作台上，放着各种酱料，除此之外，还有切好的葱花、姜丝和蒜末。

可想而知，这次的主题就是如何以鲤鱼为食材，做出一道美食。对此，陈晓星毫不在意地耸耸肩："这有什么难的？我认为在所有的菜式中，炖鲤鱼是最简单的。"

"你还会做菜？"陈妈妈还以为自己听错了，急忙抬起头问道。

"在上学期的课外实践中，我做的凉拌三丝和红烧排骨就连老师都赞不绝口呢！"回忆起那段辉煌的历史，陈晓星得意地抬起了头，"每个人都有天赋，可能这就是我的天赋吧。"

"既然你这么有自信，那么今天的鲤鱼就由你炖吧，"陈爸爸不知道什么时候从房间里走了出来，"让我们也尝尝有天赋的烹饪大师做的菜。"

这是一个不错的提议，陈晓星连想都没想，就欣然地接受了。她换上家居服，撸起袖子自信满满地走进了厨房，先是将鱼的两侧用刀割出几道刀口，紧接着拍上面粉，以防鱼在后期粘锅。与此同时，她将锅加热，倒入少量的油和事先切好的葱、姜、蒜，待香气扑鼻时，将鱼放入锅中，煎至金黄色。

看到这里，陈妈妈禁不住竖起了大拇指："真没想到，从来没有下过厨的你竟然做得有模有样，简直像是一个专业的厨师。"

"没吃过猪肉还没见过猪跑吗？"陈晓星打趣地道，"电视剧中都这么演，我只要看过一遍就会做了。"

说话的同时，陈晓星将酱油、醋、盐，依次加入了锅中，为了提升口感，她还撒了一点五香粉，随后把清水加入锅中，再盖上了盖子，陈晓星得意地打了一个响指，"等着吧，美食就要诞生了！"

陈晓星刚刚闲下来，想要活动活动筋骨，陈爸爸就在客厅的那头

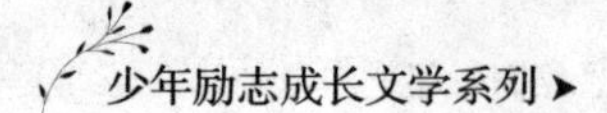

喊道："晓星，有你的电话！"

"来了，"陈晓星边用围裙擦了擦手，边一路小跑到电话旁，如她所料，这正是高晶晶给她打来的电话，高晶晶在电话的那头抱怨道："晓星，你知道吗？我刚刚差一点走丢了！"

"怎么回事，刚刚你不是已经到家了吗？"陈晓星情不自禁地皱起了眉头。

"我的确是到家了，可是我刚刚到家，我的妈妈就让我到楼下的超市买酱油，好巧不巧，超市暂停营业，我只好又跑到附近的杂货店购买。谁知刚买完了酱油，就有一个小男孩向我问路，我担心他一个人走夜路不安全，就把他送到了他家楼下，可是当我离开他所在的小区时，却发现自己迷失了方向，好在最后还是找到了回家的路……"说到这儿，高晶晶叹了口气，"你有所不知，我前几天刚刚看了一部恐怖片，在恐怖片里，杀人犯就是在深夜里出没的……"

"你啊，没事总喜欢胡思乱想，"陈晓星哭笑不得，"你总是喜欢把电影里的故事和现实混为一谈，自己吓自己。好在有惊无险，你找到了回家的路，所以你一定要把这一次的经历当成教训，以后遇到同样的事情时，要在脑中记好回家的路。"

"没有下一次了，我再也不敢晚上一个人出门了，"电话那头的高晶晶哭丧着脸，"如果上天再给我一次机会，我一定会拒绝妈妈的要求，好好在家里写作业……"只是高晶晶的话还没说完，她就听到电话那头的陈晓星尖叫了一声，紧接着慌张地挂掉了电话。

原来，只顾着聊天的陈晓星忘记了自己正在炖鱼的事，她没来得及将火关小，所以汤汁在高温下很快烧干，导致鱼糊了锅。烧焦的味道从厨房蔓延到了客厅，也让陈妈妈气得直跺脚："平时你就三心二意，为什么偏偏这个时候知道'一心一意'了？唉……可惜这一条新鲜的鲤鱼，看来今天晚上，只能吃'锅底炒鲤鱼'了。"

"算了算了，"陈爸爸把陈妈妈拉到一边，"晓星不是故意的，况且，她努力地要为我们做一顿晚餐，我们应该鼓励她，不应该批评她，"说罢，陈爸爸看向因为自责而低下头的陈晓星，"这次是'演习'，下次'正式操练'的时候，一定要吸取经验和教训，不要再做同样的傻事了。”

人生中有很多的事情就如同不小心炖糊的鱼一样，看似胜券在握，但实际上总会因为一些突如其来的事情改变预期的结果，在这个时候，不要试图改变过去，而是要在第一时间吸取经验和教训，为今后的成长做充足的准备。

要知道，眼前的成败都是暂时的，万万不可因为一时的失意而放弃未来，只要你肯抬头，肯大步前进，成功的曙光一定会向你招手，它会在不远的地方对你说：嘿！朋友，欢迎你的到来。

听陈爸爸讲故事

亡羊补牢，为时不晚

在很久以前，有一个牧羊人养了一群羊，这一天的清晨，他忽然发现羊少了一只，经过仔细的检查，他发现原来是自家的羊圈被狼弄出了一个大窟窿，他的邻居好心对他说：“赶紧把窟窿修补一下吧！”

可这个牧羊人却不以为然，他摆摆手道：“羊已经丢了，现在修补窟窿又有什么用呢？”就因为他没有听邻居的劝告，所以在第二天，他的羊又少了两只。为了避免遭受更大的损失，牧羊人决定听取邻居的建议，将窟窿补上，邻居道：“如果你早听我的建议，就不会损失后面的两只羊了。”

每个人都会出错，出错并不可怕，最可怕的是不能及时改正自己的错误。要知道，时间越久，会导致错上加错，当事情因此而发生了质的变化，即使大彻大悟，也为时已晚了。所以，当问题发生时，学会第一时间从中吸取经验和教训，相信，经验和教训的累积一定会让你不断地获得进步。

智慧锦囊：不要试图改变过去，学会在第一时间吸取经验和教训，为今后的成长做充足的准备。

第三章

不要做他人口中的胆小鬼

学会打开心中的那把锁

都说赶得早不如赶得巧，在肖卓然重返学校的第二天，学校就组织了一年一度的春游活动，与往年不同，今年的春游并不计划在旅游景点里游山玩水，而是组织同学们到最火爆的游乐场里畅快地游玩。

得知这一消息的同学们像是脱了缰的野马，个个手舞足蹈，就连一向淑女的高晶晶都控制不住内心的雀跃，拉着陈晓星兴奋地说个不停："早就听说那个游乐场里面的设施一应俱全，除了有好玩的，四处还都是美景，太棒了！"

"是啊，自从开学以来，我们都没有好好地休息，趁着这次春游，终于可以肆无忌惮地尽情玩耍了，"说到这儿，陈晓星看向肖卓然，岔开了话题，"这次史老师要求四个人分成一组相互照应，你想好和谁组成一队了吗？"

肖卓然摇了摇头："我和揭泽陆正在为这件事情伤脑筋呢，班级里的男同学大部分都分好了组，现在好像只有我们两个人落了单。"

"如果你不介意的话，那就和我们一组吧，"陈晓星提议道，"刚好我和高晶晶两个人也没有找到合适的组员，我们四个人刚好可以组成一组。"

"这是一个好主意，"高晶晶举手表示赞同，"不要犹豫了，我们四个人就组成一组吧，我想揭泽陆也不会拒绝的。"

她们口中的揭泽陆是肖卓然最好的朋友，每逢周末的时候，他们俩都会一起到户外郊游，除了喜欢运动，揭泽陆还是一个魔方爱好者，

他的家里收集着各种各样的魔方，除了常见的三阶魔方，复原异型魔方也是他的强项，所以在班级里，很多同学都称呼他为“魔方小王子”。就这样，四位意气风发的少年组成了一组，肩并肩进入了游乐园的大门。

那一天风和日丽，湛蓝的天空纤云不染，只是和晴朗的天气相比，游乐场里的欢声笑语更加令人热血沸腾。高晶晶手拿着地图，指着不远处的一座宏伟的城堡道：“你们看那里，那座城堡里有很多好玩的设施，还有传说中最豪华的旋转木马。”

“旋转木马？”肖卓然第一时间做出了反应，他把两手放在胸前，做出“拒绝”的手势，“No！我拒绝坐旋转木马。”

“为什么？”高晶晶眨了眨眼睛，“旋转木马就像一个巨大的音乐盒，坐在木马的上面既浪漫又有趣，我还是第一次听说有人不喜欢坐旋转木马呢！”

“其实我……”肖卓然想要辩解，但却欲言又止。

陈晓星察觉出了肖卓然的顾虑，转过头关切地问道：“怎么了，难道你和旋转木马有什么不为人知的故事？”

“你该不会和我一样，曾从旋转木马上跌下来了吧？”揭泽陆抢着猜测道。

“难道你也曾在木马上跌倒过？”肖卓然不敢相信地看向揭泽陆，同时也说出了心中的顾虑，“自从我小的时候从旋转木马上摔下来之后，我就对它产生了阴影，在我心里，旋转木马就像一个很大的机器，它会张开血盆大口，把人吞进去。”

“你什么时候和高晶晶一样，擅长脑洞大开了？”陈晓星哭笑不得，“旋转木马只是一个娱乐设施而已，怎么可能像科幻片一样张开血盆大口，把人吞到肚子里去呢？你的脑洞也开太大了。”

“哈哈哈……”揭泽陆禁不住大笑了三声，“高晶晶是第一次听说有人不喜欢玩旋转木马，而我是第一次听说有男子汉害怕玩旋转木马，”说到这儿，揭泽陆止住笑，清了清喉咙，“肖卓然，勇敢一点，作为男生的你，难道不应该‘舍命陪君子’，哦不！是‘舍命陪女子’吗？”

“什么‘舍命陪君子’‘舍命陪女子’的，我们只是不希望好不容易来一次却没有机会玩最豪华的旋转木马而已，”高晶晶说罢，用恳求的眼神看向肖卓然，“肖卓然，你就陪我们玩一次吧，如果你不参与，我们也只好放弃了。”

肖卓然永远都是刀子嘴豆腐心，见大家想要玩旋转木马，他不想扫了大家的兴致，于是只好硬着头皮选择了投降：“好，好，好！谁让我是男子汉呢？”

不知道是害怕还是紧张，当肖卓然看到眼前的旋转木马时，心里产生的第一反应就是“逃”，眼前的旋转木马虽然非比寻常，在灯光的渲染下美轮美奂，但是一想到童年时的阴影，肖卓然的腿就禁不住地颤抖。

陈晓星第一个看出了肖卓然的不对劲，她开门见山地道:“肖卓然，你该不会是后悔了吧？”

“现在后悔还来得及吗？”肖卓然后退了一步，看起来像是要逃跑，而站在他身后的揭泽陆一把拉住了他的胳膊，“你还是不是男子汉了，男子汉就要说话算数，不就是旋转木马吗？有什么可怕的？”

“你要学会打开心中的那把锁，”陈晓星接着道，“如果你被鱼刺扎到，难道就一辈子都不吃鱼了吗？同样的道理，一次的失误并不代表次次失误，难道现在的你还没有小时候的你勇敢吗？”

在大家的劝说下，肖卓然一咬牙，一跺脚，迈着沉重的步伐走上了旋转木马，为了快速离开这里，他挑选了距离出口最近的“跳舞杯”，一屁股坐到了最里面，与此同时，揭泽陆坐到了他的正对面，而高晶晶和陈晓星则选择了两匹非常漂亮的木马。

优雅的轻音乐响起，上下两层的旋转木马分别向不同的方向旋转起来，乍看之下，就像一个巨大的音乐盒在城堡里起舞一样。起初的时候，肖卓然还因为害怕紧闭着眼睛，直到揭泽陆拍了拍他的肩膀，对他说：“喂！你睁开眼睛看一看吧，这里真的如同仙境一样。”

仙境？仙境是什么样子？好奇心促使他缓缓地睁开了眼睛，霎时，七彩的光芒闪耀在时空里，藏在罅隙里的小精灵时不时地探出头，随着木马的起伏舞蹈，干冰的特效更是锦上添花，让他有了一种正腾云驾雾的错觉……

“哇！”肖卓然禁不住感叹了一声，心中的恐惧也随着美妙的体验烟消云散。

“你看！我都说了旋转木马没有你想象的那么可怕，”揭泽陆挑挑眉，似乎有了什么馊主意，他对着肖卓然道，“竟然你已经克服了心里的障碍，那么请做好准备吧！”

话音刚落，揭泽陆猛地扭动正中间的圆盘，刹那间，“跳舞杯”猝不及防地旋转起来，突如其来的变化让肖卓然惊慌失措。

“快……快停下来！”肖卓然紧握着扶手，害怕自己从“跳舞杯”中甩出去，可是喜欢开玩笑的揭泽陆玩得不亦乐乎，不顾肖卓然的反驳，又擅自加快了旋转的速度，只是美好的时光都是短暂的，不一会儿，一曲结束，“跳舞杯”也渐渐停止了旋转。

恋恋不舍地走下旋转木马的高晶晶回味无穷地道：“太好了，我终于坐上了梦寐以求的旋转木马。”

而陈晓星则是看了看站在原地惊魂未定的肖卓然：“你没事吧？我们刚刚玩的是旋转木马，你怎么像是刚从鬼屋里走出来一样。”

“都是揭泽陆搞的鬼！”肖卓然晃了晃头，“我不怕高也不怕黑，但是我怕旋转，而揭泽陆却触发了机关，让‘跳舞杯’越转越快，现在我的头还是昏沉沉的，已经分不清东南西北了……”

小小的插曲让四个小伙伴拉近了心与心之间的距离，也让肖卓然明白了一个道理——不能因为一时的失误，把自己囚困在“不再尝试”的枷锁之中，就如同陈晓星说的：如果你被鱼刺扎到，难道就一辈子都不吃鱼了吗？

人生在世，没有一件事情是绝对的，也没有任何事情可以左右你的未来，学会从失败的阴影中走出来，不计较昨天，把目光放长远，只有打开心灵的窗口，才能看得见美丽的事物，不是吗？

陈晓星有话要说

学会挣脱心中的枷锁

无所不能的超人只存在于人们的想象中，无论是谁，都有技不如人的时候。当落后于他人，或是他人获得了自己想要的成绩时，失落感难免会涌上心头，但因为暂时的失意影响以后的发展，真的是最好的选择吗？

勇敢一点，从失败的阴影中走出来，只有勇敢地战胜心中那个不堪一击的自己，才有昂头挺胸走向未来的资本。

总之，不要沉浸在心中那个狭小的世界，学会敞开心扉，挣脱心中的枷锁，不要自怨，也不要自卑，好好地把握生活的节奏，相信坚强的你一定可以战胜未知的挑战，为自己创造小小的奇迹。

智慧锦囊：对于曾经的失败，最好的方法不是逃避，而是再次挑战，直到成功。

逃避会帮助你解决问题吗？

人的一生总会有意想不到的事情发生，就好比此时此刻的肖卓然，他刚从旋转木马的噩梦中脱离开来，想要放开自己，和小伙伴们好好地在游乐场里畅玩一番，可隔壁班的“恐龙”偏偏赶在这个时候凑热闹，仅仅几句话就让他兴致全无。

“恐龙”是初二(4)班的一名男生，也是学校里出了名的“捣蛋鬼”，他的身材高高瘦瘦，鹅蛋脸上长着一只鹰钩鼻，最令他骄傲的是，他的脸颊上长了少许的雀斑，用他的话说，那是“阳光男孩”的标配。

“恐龙”大摇大摆地走到了肖卓然的身边，故作潇洒地把挡住眉毛的刘海甩到了一侧，轻蔑地道："真是可笑，人高马大的肖卓然竟然会因为一个旋转木马哭鼻子，从今天开始，我给你起了一个新的外号——'胆小鬼'！"

"你才是胆小鬼呢！"肖卓然皱起眉头道，"你根本不了解事情的来龙去脉，就在这里信口雌黄，你连陈述事实的勇气都没有，更像一个胆小鬼！"

"胆小鬼你说谁呢？""恐龙"露出了鄙夷的表情，轻哼一声，"在女孩子面前还怕这怕那的，还不承认自己是胆小鬼，看来你不仅是一个胆小鬼，还是一个厚脸皮的'撒谎大王'！"

或许很多人会感到奇怪，为什么两个毫不相干的人像是一对冤家，总是针锋相对呢？其实早在去年的夏天，他们两个人就有过交集，并发生过一件不愉快的事……

喜欢踢足球的"恐龙"也是一名"运动健将"，只是当初在学校选拔国旗队的时候，体育老师在肖卓然和"恐龙"之间选择了肖卓然，对此，"恐龙"一直怀恨在心，并从那天开始关注肖卓然的一举一动，甚至刻意地散播谣言。

起初，肖卓然并不理会，但是在接触的过程中，他发现这个姓孔的男孩，真的是一个处处得罪人的"冷血动物"。无论遇到什么事情，他都不会站在对方的角度思考问题，更不会勇敢地承认自己的错误，所以久而久之，肖卓然对他便有了"惹不起，躲得起"的心态。

而这一次，在大庭广众之下，当着这么多人的面，"恐龙"揭了肖卓然的短，让他颜面尽失，突如其来的反转让肖卓然一时之间有些无法接受，意识到自己在口头上占不了优势，他干脆转过身去，再一次选择了逃避。

"肖卓然！肖卓然——"揭泽陆二话没说，转身朝着肖卓然离去的方向飞奔，陈晓星没有半丝犹豫，她一手拎起肖卓然遗落在休息椅上的书包，一手拉起高晶晶快步追了上去。

很快，在城堡的后面，揭泽陆牢牢地拽住了跑进死胡同里的肖卓然，他气喘吁吁地道："喂！好端端的你跑什么？我们是来春游的，不是来上体育课的……"

话音刚落，陈晓星也从不远处赶了过来，见肖卓然无处可逃，她停下步子喘了几口粗气：“喂！你连书包都不要了吗？”

直到这时，肖卓然才发现自己把书包落在了椅子上，委屈和愧疚促使他想要开口说些什么，可是千言万语不知如何说起，最终，他选择了沉默。

“你哪里都好，就是每当遇到问题的时候，不知道如何处理，”揭泽陆一针见血，“我知道，你一口气跑了这么远，就是想要逃避问题，可是，逃避真的能够解决问题吗？”

“很多时候，逃避不但不能解决问题，反而会把小事变大，最终一发不可收拾，”陈晓星接话道，“‘恐龙’嘲笑你是胆小鬼，你应该用实际行动证明自己并不懦弱，可是你落荒而逃了，这不正中了‘恐龙’的下怀吗？”

小伙伴们的劝慰让肖卓然倔强的内心发生了一丝变化，有那么一瞬间，他开始怀疑自己，难道一直以来喜欢逃避的自己，真的做错了吗？“我……可是……”肖卓然想要开口解释些什么，只是他张开口，却欲言又止。

见肖卓然支支吾吾了半天也说不出个所以然，陈晓星故作轻松地摆了摆手：“你就不要‘可是’‘但是’的了，于公于私，我们都站在你这边，只是希望再遇到类似的事情，你不要再逃避，否则即使我们有心帮你，也帮不了你。”

陈晓星说得没错，在遇到问题的时候，你可以选择沉默，也可以用自己的实际行动来证明自己的能力，但是，最糟糕的选择就是逃避，因为逃避不但没有办法解决问题，反而会证明你的懦弱，让你离成功越来越远。

在理应奋斗的年纪，不要逃避，也不要轻言放弃，要学会乐观积极地面对一切难题和挑战，只有保持内心的活力，怀揣着希望和梦想去努力，美好的事物才会在你的身边降临。

陈晓星有话要说

接受比逃避更能解决问题

一年分四个季节——春、夏、秋、冬，众所周知，春季和秋季是最惬意的两个季节，夏季和冬季则是两个极端，一个热如火，一个冷如冰，于是，很多人都会在恶劣的情况下选择“临阵脱逃”，只是走过一遭人生，还是没有人找到既没有酷暑，也没有寒冬的世外桃源。

有多少人为了少些麻烦和责任，选择逃避呢？他们把自己包裹在重重的壳里，似乎这样就可以与世隔绝，不必承担任何风险和考验，但是他们往往忽略了一个问题，人自打出生的那天起，就避免不了风险和考验，就如同寒冬和酷暑两种自然现象，有谁可以避免呢？

所以，在遇到问题时，不要第一时间选择逃避，要知道“是福不是祸，是祸躲不过”的道理，如果问题一定会出现，那就顺其自然地接受并冷静地解决它，逃避不过是自欺欺人罢了。

智慧锦囊：认清事实，逃避只会让眼前的难题变得更复杂。

成长的标志是学会承担

“这种颜色既鲜明，又柔和的瓷器装饰艺术被称作粉彩，是在康熙晚期，景德镇的大师们研制出来的，它的与众不同之处在于，在制作的过程当中，材料里加入了‘琉璃白’，不要小瞧了‘琉璃白’，正是因为它，才会呈现出眼前粉润清雅的效果……”

以上这段话出自揭泽陆的口中，别看他平时一副“不着调儿”的模样，但是对于历史文化颇感兴趣的他，讲起关于古代艺术的话题可是口若悬河。这不，当几个人一起来到历史文化博物馆时，他自告奋勇地当起了讲解员，带着小伙伴四处参观。

此时此刻，高晶晶站在一个精致的花瓶前挪不开步子，花瓶的瓶身，上面绘制着青山绿水，最引人注目的是水面上的小舟，有一位老人正站在船头举头望月。见高晶晶看得出神，揭泽陆清清喉咙开口道："花瓶上的纹样统称为青花，这种极具时代性的作品自元朝以来就开始成熟了。"

"原来这就是周杰伦唱的《青花瓷》啊！"高晶晶后知后觉，"真没想到古代的人们会创造出这么多令人惊艳的作品。"

"你不知道的还多着呢。"说罢，揭泽陆带着高晶晶来到了另一列展柜前，展柜里陈列着一排中规中矩的罐子，在罐子的两侧还有两个手掌大的小人，和青花瓷不同的是，这些瓶瓶罐罐并不是淡雅的青色，而是以浓厚的棕色为基底，看上去格外的高雅大气。

高晶晶指着其中的一个罐子，问揭泽陆："这些又是什么？难道也是某一个时期的著名瓷器？"

"这些是盛行于唐代的瓷器——唐三彩，它们以白色黏土为底，以含有铜、铁、钴等元素的矿物为染色剂，经二次烧制而成，"说到这儿，揭泽陆看向高晶晶，"唐三彩的历史在历史课上老师曾经讲解过，你究竟有没有认真听课啊？"

经揭泽陆这么一提醒，高晶晶这才想起去年的时候，历史老师就已经普及过关于唐三彩的知识，意识到了自己的不足，高晶晶惭愧地笑了笑："看来我还是应该向你学习，知识还是要学以致用。"

只是高晶晶的话音刚落，不远处就传来了"啪"的一声响，不看不知道，一看吓一跳，就在青花瓷的展柜前，吃剩一半的巧克力冰激凌赫然掉在了白色的大理石砖上，溅到四周的褐色污渍让原本干净整洁的地面变得一片狼藉，而冰激凌的主人，正是愣在原地张大了嘴的肖卓然。

"真是太不小心了……"高晶晶边嘀咕，边朝着肖卓然的方向快步移去，而此时此刻，手足无措的肖卓然见四周无人，对大家做了一个"嘘"的手势，并用手指比划着"出口"的位置，示意大家悄悄地溜出去。

“这怎么行呢？”从另外一个展柜赶过来的陈晓星制止了肖卓然不负责任的做法，“即使周围没有人，但也不能怀着侥幸的心理逃避责任，犯下了错，就要勇敢地承担责任，这是每一个青少年应该做的事情。”

“既然事情已经发生了，那我们就抓紧时间，一起把这里打扫干净吧！”高晶晶边说，边从口袋中拿出了一包纸巾，“爱护公共卫生，人人有责，只要我们把这里打扫干净，就没有什么问题了。”

说罢，高晶晶便俯下身子，将纸巾盖在了渐渐融化的冰激凌上，这时，揭泽陆打了一个响指：“我记得前面有一个卫生间，我现在去卫生间里拿拖把，只要把污渍拖干净，就万事大吉了。”

说干就干，高晶晶将掉在地上的冰激凌用纸巾包裹住，小心翼翼地扔在了陈晓星随身携带的垃圾袋里，一分钟的工夫，揭泽陆就拿来了干净的拖把，将弄脏的瓷砖反复地擦拭，一转眼，冰激凌的残渍消失了踪影，取而代之的是，打扫干净的大理石瓷砖在灯光下闪闪发光。

“看，问题就这么轻松愉快地解决了，”陈晓星拍了拍手上的灰尘，对着肖卓然道，“你总是喜欢推卸责任，想想看，如果我们一走了之，万一下一位参观者因为不小心踩到冰激凌而跌倒，那该怎么办呢？”

“对不起，是……是我不对。”这一次的肖卓然没有再为自己的所作所为找借口，反而勇敢地承认了自己的错误，可见，在大家的帮助和影响下，他的性格也渐渐地发生了改变，就如同在地面上悄悄融化的冰激凌一样，即使曾经的它再冰冷、再坚硬，在时间和温度的影响下，也会悄悄地融化。

丘吉尔有一句耳熟能详的名言：“一个人最大的代价，就是责任。”没错，只有敢于承担责任的人，才会获得他人的信任，才能被赋予更大的责任，相反，那些遇到问题就在第一时间选择逃避的人，只会受到他人的谴责，并把自己推向无尽的深渊。

或许有人会问：究竟什么是责任呢？其实，责任并不是特指某一件事情，它是一种与生俱来的使命——爱护公共卫生是你的责任；好好学习是你的责任；尊敬师长是你的责任；孝敬老人也是你的责任……不分身份地位，也不分高低贵贱，无论大事还是小事，只要与你有关，你就要承担起相应的责任。

做一个敢于承担责任的青少年，无论是对自己还是对他人，都问心无愧地度过每一天，就如同戴维斯所说的：“人如果放弃了责任，就等于放弃了每一个证明自己的机会。”因此，勇敢地扛起你所应该承担的责任吧！相信你会因此而发光发热！

听陈晓星讲故事

不负责任的老木匠

曾经有一位年过六旬的老木匠，烦琐的工作让日渐衰老的他力不从心，因此，他有了归隐田园，清闲地度过晚年的想法。可是他的老板看重他的手艺，不希望他就此离去，于是，老板给他布置了最后一项任务——在他临走之前，最后修建一座房子。

盛情难却，老木匠只好答应了老板的请求，只是在他建造这座房子的时候，因为有些不情不愿，所以他每天都是心不在焉的，到了最后，竟然还几次偷工减料，只是令他万万没有想到的是，在他提前完工后，老板却对他说：“这是我送给你的礼物，本以为对你来说这是一份很好的礼物，但是没想到，这份礼物出乎了我的预料，它糟糕透了。”

做人要脚踏实地，学会为自己所做的一切负责任。要知道，今天你所做的，就是你未来所得的，所以，无论在何时何地，都要认真负责地对待每一件小事，否则，最后受到伤害的只会是你自己。

智慧锦囊：对身边的每一件小事负责，就是对自己的未来负责。

为什么总是怀疑自己呢？

走出历史文化博物馆，对面是热闹非凡的娱乐场地，一大块插着五颜六色的气球，用彩色的瓷砖作为装饰的空地上，有趣的休闲娱乐项目让人应接不暇，其中最受人欢迎的有套圈、飞碟杯和戳气球游戏。

起初，四个小伙伴想要绕道而行，直接去离这儿不远的水上乐园体验“鲁滨孙漂流记”的神奇魅力，可偏偏在这个时候，一个小丑装扮的推销员挡住了他们的去路，他举起纸箱，摇头晃脑地道：“亲爱的小朋友们，免费的抽奖活动，你们一起来试试手气吧！”

一听是免费抽奖，揭泽陆最先来了兴致，他撸起衣袖跃跃欲试，他把左手伸到了箱子里，直到箱子里的卡片被他搅了个“底朝天”才罢休，随后，他打开了拿出来的卡片，只是卡片上的“谢谢参与”几个大字，让他深深地叹了一口气。接着，陈晓星和肖卓然也先后试了试手气，只可惜，他们也没有得到想要的奖励。最后，只剩下高晶晶一个人站在原地，她有些为难地道：“我们还是走吧，我一定不可能中奖的，何必在这里浪费时间呢？”

“怕什么？”揭泽陆催促着，“机会难得，你就不要扭扭捏捏了。”

为了不扫大家的兴，高晶晶只好参与抽奖活动，只是令所有人都没有想到的是，她竟然抽中了二等奖——五个套圈，也就是说，高晶晶有五次免费套圈的机会，在这五次机会中，她还有可能得到自己喜欢的任意物品。

机不可失，失不再来，揭泽陆想了想道：“我们只有五次机会，派谁参加游戏胜算比较大呢？”

“我推荐肖卓然，他最擅长体育运动！”高晶晶最先提出了自己的见解。

“我同意，”陈晓星也举起了手，“我们这里肖卓然长得最高，我认为身高也占一定的优势。”

可面对大家的期许，肖卓然并没有十足的把握，此时，他把头摇得跟拨浪鼓一样，一脸的不情愿：“不行，不行！我从来都没有尝试过这个游戏，我想我是绝对不可能成功的！”

“你为什么在还没有尝试之前就怀疑自己的能力呢？”揭泽陆直言不讳。说罢，不顾肖卓然的反对，揭泽陆一把把肖卓然推到了游戏

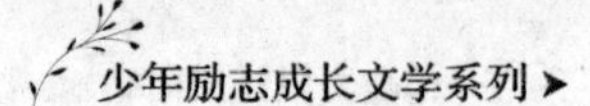

的指定点，并对着老板道，“我们选好了，由他代表我们参加这次游戏。”

无奈之下，肖卓然只好硬着头皮上了，他深吸一口气，半蹲下身子，紧接着半眯着眼睛瞄准了一个米老鼠玩偶，与此同时，站在一旁的高晶晶和陈晓星充当起了啦啦队，为他加油打气。

见小伙伴们如此的信任自己，肖卓然也克服了恐惧，说服了自己，让自己全身心地投入到了游戏中，只是出师不利，扔出去的第一个套圈偏离了预计的轨道，落在了两个物品中间的位置。

没关系，陈晓星咧嘴一笑，并给他出了一个主意：“你可以尝试离你最近的物品，距离近一些，相对也会容易一些。”

听了陈晓星的建议，肖卓然把视线瞄准了离他最近的米老鼠文具盒，这次他没有掉以轻心，而是反反复复地确认了好几次，才扔出手中的套圈，奇迹就在这一刻发生了，套圈如同长了“眼睛”一样，正好套中了文具盒，其他三位小伙伴禁不住击掌叫好。

不知是小小的成功燃起了他的自信，还是幸运女神真的降临了，最后的三个套圈，肖卓然又接连中了两个，其中，有一个非常可爱的海绵宝宝玩偶，他把它送给了高晶晶，并对她说：“我听说下个月是你的生日，这就当做提前送你的生日礼物了。”

临走前，老板对肖卓然竖起了大拇指：“小伙子，你可真厉害，你可是我们这里第一个连中三个套圈的人。”

老板的夸奖让肖卓然不好意思地挠了挠头：“我也只是抱着试一试的心态玩游戏的，我也没有想到会出现这样的结果，看来，今天的我运气还不错。”

“什么运气不运气，我认为最大的功劳不是运气，而是你的自信！”揭泽陆接过话，“最开始的时候，你对自己没有信心，怀疑自己的能力，现在事实证明，你是有能力战胜自己，并且可以取得好成绩的，不是吗？”

肖卓然听后点了点头：“或许这就是我的缺陷吧，我总是比较胆小怕事，遇到事情时不知道如何解决，我想，以后的我应该尽可能地改正自身的缺点，这样，才能够让自己变得更优秀。”

没错，人最大的敌人就是自己，很多时候只要你肯相信自己，就已经成功了一半。所以，无论你面对多么强悍的对手，都不要害怕，一定要坚信——只要有不畏前行的勇气，任何的难题都会被踩在脚下。

揭泽陆有话要说

你其实比自己想象的更加优秀

每个人都知道司马光砸缸的故事：在司马光小的时候，有一天他和小伙伴们在院子里玩，在院子的角落里，有一口大水缸，在游戏的过程中，有一个调皮的小孩爬到了水缸上，结果失足掉到了缸里。

当时所有的小朋友都吓坏了，他们有的哭着跑回了家，有的站在原地不知所措，只有司马光急中生智，捡起地上的大石头，“咣”一声把水缸砸了一个大窟窿，水从水缸里流了出来，落入水缸的小孩也因此脱离了危险。

试想一下，如果当时的司马光怀疑自己救助他人的能力，选择袖手旁观，那么，落入水缸中的小孩还会如此的幸运吗？所以，在遇到事情的时候，不要推诿，更不要怀疑自己的能力，只要有战胜挑战的决心，就有可能创造奇迹。

智慧锦囊：不要推诿，更不要怀疑自己的能力，只要有战胜挑战的决心，就有可能创造奇迹。

躲在角落的你，只会被人遗忘

今天的午餐陈晓星准备的是鸡蛋三明治，香软的面包片裹着一片生菜、一片西红柿，还有煎至七分熟的鸡蛋，配上沙拉酱，一口咬下去，外软里嫩，浓香四溢，看得坐在一旁的揭泽陆直流口水。

“哇……看起来很好吃的样子……”揭泽陆抿了抿唇，“这是你的妈妈今早特地为你做的三明治吗？”

“才不是呢，这是我自己做的，”陈晓星得意地吧唧吧唧嘴，“告诉你一个秘密，在我们家，我可是一个‘小厨师’！”

“厨师？”吃着汉堡的高晶晶心直口快道，“我记得前不久，你还把一条好端端的鲤鱼给炖糊了……”

“嘘……”还没等高晶晶说完，陈晓星就一把捂住了她的嘴巴，在她的耳边小声地道，“喂！这是个秘密，天知地知，你知我知，你答应我不可以说出来的……”

“对不起、对不起，”意识到自己一时嘴快，高晶晶急忙把保温盒中的章鱼香肠夹到了陈晓星的饭盒里，“这是我妈妈最拿手的章鱼香肠，现在我拿它向你赔罪。”

看着眼前的两个女孩儿你一言我一语嬉笑的样子，一直没有说话的肖卓然脸上露出了一抹微笑，他放下手中的水壶，缓缓开口：“今天真是谢谢你们了，我真的好久没有这么开心了。”

“大家都是‘好哥们’，说什么谢不谢的，太见外了，”揭泽陆打趣地道，“如果你真的想要感谢我们的话，那就把你带来的巧克力分给我们吃吧，我可是好久没有吃巧克力了。”

“我正有此意，”肖卓然边说，边拿出了背包里的巧克力，“这些本来就是为大家准备的，我的妈妈和我说了，做人要懂得分享，要懂得感恩，”说罢，他把视线移向陈晓星和高晶晶，“谢谢你们，在我生病的时候专程到医院来探望我。”

“你什么时候变得这么矫情了？”陈晓星看向高晶晶，“你看，他又胡言乱语了，变得不正常了。”

可是高晶晶并没有附和陈晓星的玩笑，而是放下手中的餐具，深吸一口气道：“其实，我和肖卓然也有同样的感觉，自从新学期开始以来，突如其来的压力让我喘不过气来，今天，也是我最开心的一天，有好朋友的陪伴，也有晴朗的天气，这一切简直是太完美了……”

“喂！好端端的，你们为什么要把气氛搞得这么凝重，”一向乐观开朗的揭泽陆还是一副兴高采烈的模样，“要我说，你们都是性格惹的祸，你们要向我学习，开朗一点，热情一点，这样生活才会美好。”

“虽然揭泽陆总是说一些乱七八糟的大道理，但是他的这句话我认同，”陈晓星意味深长地道，“虽然让一个人感觉不快乐的因素有很多，但归根结底都是太过于封闭自己，要知道，只喜欢躲在角落里自怨自艾的你，是很容易被人遗忘的！”

“怪不得我和同学们已经相处一年多了，还是有人会叫错我的名字，”高晶晶喃喃自语，“我叫‘高晶晶’，不叫‘高玲玲’，真是让我又是想哭，又是想笑。”

“和我相比，你幸运多了，”肖卓然袒露心扉，说出了自己的烦忧，“虽然在平日里，大家都称我为‘数学小博士’，但同学们除了向我请教数学问题，就很少有人再和我交流，所以，我十分在意这一次的奥数比赛，只是没想到一切和我预想的不太一样……”

“怪不得你会比其他人更在意这次的奥数比赛，”陈晓星茅塞顿开，“原来，你是担心自己的人际关系会因为考试的失利受到影响，看来人高马大的你，内心里也有自卑的一面。”

见大家把气氛搞得如此沉重，揭泽陆岔开话题：“好了，你们就不要扫兴了！你们看，今天的天气这么好，为什么不抓紧时间开心玩耍呢？过去的事情谁都改变不了，只要及时反省，做出改变，一切都会变得越来越好的。”

“或许你说的是对的，”肖卓然笑了笑，“我想，我们也是时候改变自己了。”

“这样想就对了，”揭泽陆说罢，从口袋中拿出了两个三阶魔方，其中一个魔方色块被打乱了，而另一个魔方则已经被完美地复原了，“这两个魔方本来是我在无聊的时候打发时间的，看来用不上了，我就把它们送给你们吧！希望你们可以像魔方一样，看起来稀松平常，实际上却蕴含着巨大的能量。”

小小的魔方没有几分重量，却让高晶晶和肖卓然感受到了无穷的力量，没错，在此之前，他们都过于封闭自己的内心世界，因为自卑，他们不知道如何与他人交流沟通，他们渴望被关注，但又喜欢躲在角落里，试想一下，这种矛盾的心理，能帮助自己赶走压力，获得快乐吗？

要知道，每个人都是独立的个体，可是每个人都需要他人的陪伴和关爱。如果你总是被琐事牵绊，被压力囚困，即使你的内心光芒万丈，在他人的眼里也只是灰蒙蒙的，所以，要学会主动地展示自己，只有先抛出橄榄枝，才会得到真诚的回应，不是吗？

揭泽陆有话要说

给予自己客观的期望

很多人因为缺少成功的经验，对自己的期望过低，甚至贬低自己的价值，这种消极的心态会产生负能量，久而久之，会击垮一个人的自信心，甚至会让一个人感到消极甚至自卑。

大可不必这样折磨自己，每个人都有自己的长处，都有超出常人的闪光点，不要悲观地看待这个世界，不要认为自己是被抛弃的不幸者，而是要乐观积极地面对每一天，学会适应环境，发挥出自己的价值。

并不需要哗众取宠、特立独行，无论是在学习生活中，还是在人际交往中都是如此。想要获得他人的注目和理解，只需要放开自己，发挥自己的个人魅力，相信并不出众的你也会成为他人眼中独一无二的小明星。

行为可以改变性格，即使先天的环境让你内向、自卑，但也可以在日常生活中培养并改变自己的性格，与此同时，也不要忘记一个事实——无论你的性格怎样，你都有属于自己的光芒，都有属于自己的魅力，关键在于，你是否能战胜压力，战胜自己。

智慧锦囊：想要让他人记住你的名字，那就从角落里走出来，尽情地展现自己的魅力吧！

他人说的话，就一定是真的吗？

吃饱喝足后，四个小伙伴重新启航，他们先体验了刺激、有趣的“鲁滨孙漂流记”，接着跟着地图的指引，来到了备受好评的魔鬼城，魔鬼城的建筑风格很像《哈利波特》里的魔法学院，神秘中又带着一丝诡异，与众不同的气氛让高晶晶站在门口踟蹰不前。

“没什么可怕的，”揭泽陆给高晶晶加油打气，“虽然它的名字叫魔鬼城，但是魔鬼城里并没有魔鬼，即使有鬼，也是有人在装神弄鬼。”

“可是……”高晶晶擦了擦手心里因为紧张而渗出的冷汗，“我……我还是第一次来这么恐怖的地方，”说罢，她的手指向颓败的外墙，“你们看，那里有个人站在窗前盯着我们看！”

“你是在自己吓自己，”陈晓星啼笑皆非，“难道你没有看到，外墙上的每一扇窗户上都贴着眼睛的贴纸吗？这么做只是为了增加魔鬼城恐怖的气氛而已，就像揭泽陆说的那样，这个世界上根本就没有鬼，即使有也是有人在装神弄鬼。”

“什么人不人，鬼不鬼的？依我看，你们这里有一个胆小鬼！”霎时，一个突兀的声音从他们的身后响起，距离他们不远的地方，一个男生嬉皮笑脸地凑了过来，“‘胆小鬼’竟然来到了魔鬼城，这不是自讨没趣吗？”

“你是谁！”陈晓星一眼就看出了他来者不善，她毫不惧怕地上前一步，疾言厉色地说，“你究竟听谁在造谣，说我们班肖卓然是胆小鬼的？”

“当然是‘恐龙’了，”男生接话道，“早就知道肖卓然胆小怕事，没想到他竟然被旋转木马吓得尿裤子，真的是太可笑了！哈哈哈……”

此时此刻，被嘲笑的肖卓然双手握拳，强忍着心中的委屈与愤怒，他想要回击，却不知道如何证明自己的勇敢，就在这个时候，揭泽陆的发言改变了整个局势，他道：“我不管你们是敌是友，既然你们都认为肖卓然是一个胆小鬼，那你敢不敢和他比胆量呢？”

揭泽陆的提议让男生愣在了原地，陈晓星话里有话：“你该不会是不敢和肖卓然比胆量吧？”

“谁说我不敢的，”男生上前一步，“比就比，有什么了不起！从小到大，还没有我不敢做的事情呢。”

“既然如此，那你们就挑战魔鬼城吧！”揭泽陆出了一个主意。

众所周知，这个游乐场里的魔鬼城非比寻常，它不仅占地面积大，房间和机关比较多，并且无论是音效还是布置，都会让人有身临其境的感觉，魔鬼城里有专业的扮鬼演员，会在你毫无准备的情况下与你互动，总之，如此惊险又刺激的挑战，足以考验一个人的胆量。

一听到挑战的是魔鬼城，原本趾高气扬的男生立刻冒起了冷汗，而肖卓然却一脸的云淡风轻，他耸耸肩道：“好，那我第一个上。”

肖卓然的勇气值得大家钦佩，只是即使做好了心理准备，诡异的冷风和充斥在耳边的恐怖音乐也让肖卓然有了一丝恐惧，幽暗的环境让他看不到前进的方向，他只能依仗微弱的绿光，一路摸索着前行，就这样有惊无险地通过了隧道，来到了第一个房间。

目光所能看到的地方，到处都是破烂的白布条，一具无头女尸吊在天花板上，摇晃的铁链发出“咯吱咯吱”的声响，着实让人心惊胆战，左手边，一张空荡荡的铁床上血迹斑斑，距离他正前方不远的地方上，一个满是斧痕的衣柜半遮半掩。

奇怪……肖卓然在心里嘀咕着：身后是来时的路，左右两侧都没有出口，我现在要去向何方呢……猛然，一个大胆的念头让他重新把视线移到了衣柜，难道说……衣柜里有密道？

说实话，肉眼能见的恐惧并不恐怖，只有未知的恐惧才足以让人胆战心惊，一直给自己加油打气的肖卓然站在衣柜前禁不住心跳加速，他对自己说：如果放弃，那岂不是证明自己是胆小鬼吗？想罢，他一咬牙，一跺脚，猛地拉开了衣柜的门……

一股冷风吹来，夹带着刺鼻的药水味，让他下意识地眯起了眼睛，他感觉得到布条在他的脸上扫过，同时，一束光也出现在了模糊的视线中。事实证明，这个衣柜不是一个普通的摆设，而是通往下一个房间的必经之路。

一直紧绷着神经的肖卓然放松了许多，为了缩短时间，他不再注意周遭的机关和摆设，而是加快了步伐，一口气闯入了第五个房间。不大的空间里，处处都是墓碑和棺材，棺材的盖子开开合合，时不时传来女人哭泣的声音，而现在，他需要在这里找到一把开门的钥匙。

只是事情并没有想象中那么简单，由于环境过于黑暗，肉眼所能辨识的地方寥寥无几，在没有任何照明设施的情况下，在伸手不见五指的地方找到一把钥匙，简直是天方夜谭，不对！一定有什么办法！就在肖卓然绞尽脑汁寻找线索的时候，藏在墓碑后的一个小型手电筒映入了他的眼帘。

他利用手电筒的光亮找到了开门的钥匙，顺利地走出了影子迷宫，一路过关斩将，终于突破了重重障碍，顺利地走出了魔鬼城，他的勇敢和从容让工作人员都为之惊叹，一位工作人员对他称赞道："小朋友，你太棒了，你是我见过的最勇敢的少年！"

二十分钟的挑战证明了肖卓然的勇敢，同时也让坐在休息区的男生感觉到了压力，陈晓星走上前，对着想要逃之夭夭的男生道："嘿！还愣着干什么么？轮到你了。"

"我……"男生没有了之前的霸气，反而支支吾吾地欲言又止。

揭泽陆走到了他的身边，语重心长道："魔鬼城虽然可怕，但最可怕的，还是人心。现在，我只想问你一个问题，你还觉得我们班的肖卓然是胆小鬼吗？"

"不……不是了，"男生有些为难地涨红了脸，"经历了这件事情，我认为肖卓然比我勇敢多了，这件事情是我不对，我不应该不分青红皂白就嘲笑他……"

揭泽陆满意地点了点头："别人所说的话，不一定是真的，希望你多一点儿主见，不要听风就是雨，被别人牵着鼻子走，否则，就会像今天一样，最终为难的只是自己。"

听揭泽陆讲故事

没有主见的爷孙俩

曾经有一对爷孙，一天早上，他们带着一头驴去赶集。起初，孙子坐在驴上，只是走着走着，很多人对孙子指指点点：“你看，这个孙子一点都不孝顺，竟然让爷爷牵着驴走。”孙子听到了这句话，急忙下了驴，让爷爷坐在上面，可是没走多远，又有人指着爷爷道：“真是个狠心的爷爷，一点都不知道疼孙子。”爷孙俩干脆一起骑到了驴上，本以为这样就天下太平了，可是人们的议论声变得更大了，有人指责说：“这爷孙俩是想把驴累死吗？”听后，爷孙俩干脆全都下了驴，牵着驴赶路，没想到，还是有人笑话他们：“好好的驴不骑，反而自己走，真的是太蠢了。”最终，爷孙俩干脆把驴送回了家，再也不带着它赶集了。

如果一个人没有主见，根据他人的说辞随意地改变自己的行为，那么，就会如同故事中的爷孙俩一样，永远活在他人的看法中，由此可见，做人不能太没有主见，无论遇到什么事情，都要有自己的看法，并且根据事态的发展，进行适当的调整。

对于他人的意见和建议，可以部分听取，并结合自身的想法与能力，选择是否接受，万万不可听风是雨，随意地听从他人的指挥，小心你的盲目会害你掉入对方设下的陷阱中，让你痛不欲生。

另外，凡事讲究“对事不对人”，不要感情用事，受他人的蛊惑。时刻保持头脑的清醒，明确自己的原则和底线，只有学会独自判断，学会拒绝，不断地反省自己，才能在非常时期做出正确的判断。

智慧锦囊：时刻保持头脑的清醒，有原则，有主见，才能做出正确的判断。

坚强一点，你会成为那棵参天大树

整整一天肆意的玩乐，让四个小伙伴都十分尽兴，不知不觉中，阳光褪去了金灿灿的光芒，微风吹拂在湖面上，带来了丝丝凉意，见时候不早了，老师组织同学们一起坐上了回学校的大巴车。

坐在座椅上，肖卓然有感而发："说实话，今天在魔鬼城里的时候，我还真有一点害怕，可是一想到我要证明自己不是胆小鬼，我就咬着牙坚持下来了。现在想一想，那些可怕的机关都是故弄玄虚罢了，还有那些扮鬼的演员，他们只是换了一身衣服，换了一个妆容而已。"

"可是并不是每个人都能像你这样的勇敢，"高晶晶道出了自己的心声，"不瞒你说，在起初的时候，我还挺替你担心的，我甚至还希望工作人员可以到里面看一下你的状况，因为我听说，很少有人能独自走出魔鬼城，后来看到你顺利地走了出来，我才松了一口气。"

"我呢，其实从一开始，就没有替你担心过，"坐在窗边的揭泽陆一边开口，一边帮助高晶晶复原被打乱的三阶魔方，"好在你没有让大家失望，也为我们班争了一口气，我想，以后'恐龙'看到你或许会绕道而行了。"

大家都在兴致勃勃地说着今天发生的事情，此时此刻，只有陈晓星一个人安静地靠在椅背上看书，高晶晶凑了过去："看什么呢？我怎么不知道你的书包里装了一本书？"

"这是我刚刚在游乐场的书店里买的，"说罢，陈晓星把书的封面展示给高晶晶看，橙黄色的封皮上，印着一行黑色的大字——《坚强一点，你会成为那棵参天大树》，她解释道："当时，我仅仅是看到了这本书的前言，就决定将它买下来……"

坚强一点，你会成为那棵参天大树

每个人都有自己的理想，都有想要到达的远方，都希望可以成为自己期许的模样，但是在向前奔跑的过程中，难免会出现各种无法预知的干扰。面对逆境，会让人感到力不从心，甚至萎靡不振。

无论如何，都不要对未来的自己失去信心，要知道，每多一次尝试，就多一次成功的机会，既然你不甘心如此平凡地度过一生，那就不要怨天尤人，学会在跌倒后拍拍屁股爬起来，继续努力地奔跑，只有越挫越勇，才能够对得起自己的人生。

不要抱怨家境的不尽人意，抱怨他人的不近人情，很多时候，能力并不决定一切，与之相比，态度也很重要。学会寻找属于自己的位置，树立正确的观念，拥有自信和快乐，拥有了这些，你就是人生赢家。

没有人喜欢病痛，也没有人甘心失败，现实的生活总是充斥着不完美和意外，但生命之所以可贵，不正是因为种种不期而遇的挑战，恰巧证明了自己的价值吗？别和机会过不去，珍惜每一个证明自己的机会，这才是最有意义的事。

不要害怕，也不要恐慌，冰雪虽然可以掩埋绿草，但春天到了，它又会因为气温升高而融化，绿草也会“春风吹又生”，人生也是如此，只要你肯努力，你的勇敢和坚持一定会让你心中的种子生根发芽，最终长成一棵参天大树。

“这本书想要表达的，正是我缺少的，”高晶晶喃喃道，“以前的我有些悲观，我总认为成功和我没有一点儿关系，只是现在的我渐渐发现了，想要得到某样东西，就要靠自己去争取，除此之外，还要有一颗坚强的心。”

“没错，”陈晓星点点头，“想要获得成功，心态很重要，想想看，有多少人因被困难击倒，没有坚持自己的初衷而遗憾终生呢？”

“我可不想给自己留有遗憾，”高晶晶把视线移向窗外，“就好像窗外的风景，错过了就不会再来，看来，我也要加倍努力，让自己的内心变得强大起来。”

没错，在人才辈出的今天，能力只是决定你是否有资格和他人竞争的前提条件，在实现价值的过程中更为重要的，是你的心态和品格，你要足够努力、坚持、坚强，其中，坚强是成功必不可少的品质，如果你不坚强，那你就不可能获得成功。

陈晓星有话要说

足够勇敢和坚强，才能够让种子生根发芽

小小的种子经历几十年的风吹雨打，成长为一棵棵参天大树，它们靠的绝非是偶然和运气，而是坚持不懈地向着光明生长的勇气和抵挡寒冬和酷暑的坚强。人也是如此，想要获得成功，就要有不轻言放弃的决心和勇往直前的果敢。

没有人能够随随便便成功，纵观古今中外，但凡有影响力的大家，哪一位不是饱经风霜呢？

作为一名青少年，更应该培养自己不畏困难、毅然前行的勇气。和坚强成为朋友，你会发现，无论前方的道路是鲜花遍地还是荆棘丛生，你都会从中看到希望，创造属于自己的美好与精彩。

智慧锦囊：只要坚强陪伴着你，你永远都会看到希望。

第四章
有失才有得，不是吗？

记住！天上永远不会掉馅饼

陈妈妈虽然整天吵着要减肥，但她也是一个名副其实的美食达人，用陈晓星的话来说，这么多年的《美食之家》并没有白看。可是，即便是对美食颇有研究的陈妈妈，也有被他人忽悠，掉入“美食陷阱”的那一天。

这天晚上，妈妈兴致勃勃地从微波炉里拿出了热腾腾的牛肉馅饼，与此同时，做完功课正等着吃夜宵的陈晓星失望地叹了口气：“天啊！您所谓的加餐竟然是牛肉馅饼？我还以为会是什么布丁、蛋挞、榴梿千层酥之类的甜食呢……”

“你可不要小瞧了这牛肉馅饼，它外酥里嫩，皮薄馅满，绝对让你回味无穷，”陈妈妈边说，边把热腾腾的牛肉馅饼端到了陈晓星的面前，“尝尝看，这可是我拼了命‘抢’来的。”

“‘抢’？”陈晓星猛地放下筷子，“妈妈，您这不明不白抢来的东西，我可不敢吃……”

“我说的‘抢’，是‘抢购’的意思，”妈妈摘下围裙，坐在了陈晓星的对面催促道，“快尝尝，一会凉了就不好吃了。”

陈晓星应了一声，重新拿起筷子，想要尝一尝陈妈妈强烈推荐的牛肉馅饼，可就在这个时候，陈爸爸从书房里走了出来，他摘下眼镜，俯下身子嗅了嗅：“这就是你说的一元钱一个的牛肉馅饼？”

“一元钱一个？”陈晓星再次停下了手上的动作，确认道，“妈妈，这果真是一元钱一个的牛肉馅饼？”

见纸已经包不住火了，陈妈妈只好赔着笑说：“因为特价，所以要用‘抢’的才可以买到。”

“天啊……”陈晓星惊讶地看着满满一盘牛肉馅饼，“牛肉的市场价这么高，一元钱一个牛肉馅饼，怎么可能会正宗呢？您该不会是上当了吧？”

“不会、不会！”陈妈妈摆摆手，“咱们的邻居王阿姨和赵奶奶都买了，我买得最少，才买了十个。”

“十个？”陈晓星和陈爸爸惊讶地张大嘴，他们面面相觑，无奈的表情似乎在表明他们听到了什么坏消息。

陈妈妈用筷子夹起了一个牛肉馅饼，道：“这么好吃的美食你们不吃，可别怪我不客气，”话音刚落，陈妈妈就一口咬了下去，只是还没吃几口，她就诧异地皱起了眉头，“咦？味道怎么不太对？”

见陈妈妈不再坚持己见，陈晓星叹了口气：“现在您肯相信我的话了吧？就像我说的，这根本就不是正宗的牛肉馅饼。”陈晓星说罢，也夹起一个尝了尝味道，只是一连吃了好几口，都没有看到馅饼里的牛肉。

这时，一直不忍心泼冷水的陈爸爸禁不住说道：“没有牛肉的牛肉馅饼，不就是我们常吃的烙饼吗？与其相比，我还是觉得自家做的鸡蛋煎饼最好吃。”

“我赞同，”陈晓星和陈爸爸达成了统一战线，“我也喜欢妈妈做的鸡蛋煎饼，卷上土豆丝和腐竹，在放上一点儿辣椒酱，一口咬下去，简直是人间美味……”说到这儿，陈晓星看向心情有些沮丧的陈妈妈，转移了话题，“妈妈，下一次你就不要再做这么迷糊的事情了，天上不会掉牛肉馅饼，贪小便宜吃大亏。”

没错，在这个世界上，向来都没有不劳而获的事，就如同一元钱一个的牛肉馅饼，注定了会偷工减料。只是，总会有人抱着试试看的心态，希望奇迹发生在自己的身上，也正因如此，受骗上当的人越来越多，但真正能够反省自己，不贪图小便宜的人却寥寥无几。

要清楚地知道，生活在变化莫测的社会中，难免会遇到五花八门的骗术，如果不懂得辨别真伪，保护自己，那就很有可能落入他人设下的陷阱之中。要永远相信，天上不会掉馅饼，只有铭记这一点，才不会贪小便宜吃大亏。

听陈晓星讲故事

贪小便宜吃大亏

在很久以前，森林中有两只羊打了起来，他们互不相让，用自己的犄角拼命地想要致对方于死地。在打斗的过程中，两只羊都受了伤，鲜血一滴一滴地滴到了草地上，刚好被路过的豺狼看在了眼里。

豺狼心想：太好了，今天有羊肉可以吃了，他本想躲起来坐收渔翁之利，可当它看到地上的血迹在太阳的映照下渐渐凝固起来时，贪心的它便迫不及待地跑到了两只羊的中间，想要舔舐掉地上的血一饱口福，可就在这个时候，两只羊扭打在了一起，而这只豺狼没有及时避开，被活活地践踏而死。

由此可见，在面对诱惑时，要懂得权衡利弊，全面地思考问题，不要为了眼前的一点利益，让自己付出更大的代价。小心贪婪是魔鬼，它会让你在不知不觉间失去很多东西，最终，失去你自己。

智慧锦囊：不要怀着侥幸的心理去贪图小便宜，否则你的贪婪会让你迷失自己。

不合脚的鞋子，丢掉了也不可惜

由于陈妈妈的一时贪念，陈晓星就连早餐吃的都是没有牛肉的“牛肉馅饼”，好在陈妈妈将功补过，在馅饼上做了简单的加工——先在“牛肉馅饼”里夹了一片火腿肠，紧接着夹了一片新鲜的蔬菜，再将馅饼对折，用番茄酱作为佐料，一口咬下去，味道还算不错。

吃完了早餐，陈晓星穿上校服，背上书包，对着陈妈妈道："妈妈，今天你可千万不要再随随便便'抢'东西了，如果再让我吃这些奇奇怪怪的东西，恐怕我就不能茁壮成长了。"

"好、好，我知道了，"陈妈妈倒像是一个小孩子，边答应着，边从柜子里拿出了一把雨伞，递给了陈晓星，"今天可能会下雨，放学后记得要早点回家。"

陈晓星有一个好的习惯，那就是每天上学出门的时候，都会把放在家门口的垃圾拿到楼下的垃圾桶里。这一天，她和往常一样，伏下身子拾起垃圾袋，可是当她刚刚提起袋子，一双白色的运动鞋就从破裂掉的袋子里掉了出来。

这双鞋子无论是鞋面还是鞋底都没有破损，除了染上了灰尘，基本上算是九成新。陈晓星把鞋子拿给了妈妈："妈妈，这双鞋子需要扔掉吗？该不会是您弄错了吧？"

"没错，这双鞋子本来就是要丢掉的。"陈妈妈回答得毫不犹豫，反而让陈晓星觉得有些奇怪。

"可是这双鞋子并没有破损，甚至看上去没有穿过几次，为什么要丢掉呢？"陈晓星禁不住追问道。

陈妈妈回答道："这双鞋子虽然看起来不错，但实际上穿在脚上很不舒服，与其放在鞋柜里没有利用价值，还不如趁早丢掉，空出地方摆放其他的鞋子。"

事实虽是如此，但是向来节俭的陈晓星还是没有忍心把鞋子丢进垃圾箱，而是在上学的途中，把鞋子放在了废品回收站的门口，希望鞋子可以重新发挥它的价值，来到学校以后，她把这件事情讲给肖卓然，肖卓然道："没什么可惜的，毕竟那双鞋子派不上用场，放在家里只会碍事。"

"你真的不觉得可惜吗？"陈晓星有些半信半疑，因为在她的心里，把没有坏掉的东西丢掉，就是错误的行为。

面对陈晓星的疑惑，肖卓然给她讲了一个关于猴子的故事，故事的名字为《不肯放手的猴子》。

不肯放手的猴子

猴子很喜欢吃坚果，于是在美丽的热带丛林中，猎人们就利用这一点，专门制作了抓猴子的工具——一个开了小孔的装满了坚果的木箱，小孔要保证猴子的前爪可以顺利地伸进去，巧妙之处在于，一旦猴子抓住了箱子里的坚果，前爪就没有办法从木箱中脱离。

猴子有一个特点，那就是只要得到的东西，就绝不会放弃，所以，即使猴子的前爪被困在木箱里让它无法脱身，它都不愿意放下到手的坚果，把前爪拿出来。也就因为这样，猎人们才会轻而易举地抓到猴子。

讲完了这个故事，肖卓然总结道："猴子之所以会被猎人抓到，不是因为它笨，而是因为它不懂得放弃，很多时候，人也是一样，放弃本不属于自己的东西，没有什么不对，反而会因此省去很多烦恼。"

听了肖卓然的解释，陈晓星终于明白了陈妈妈的本意，看来，陈妈妈并不是铺张浪费，而是她懂得"是你的终究是你的，不是你的要学会放弃"的道理。看来，陈晓星也要好好和妈妈讨教一下放弃的真谛，相信在以后的人生之路上，她能更客观地看待问题，不会因为一时的感情用事，给自己制造数不尽的难题。

听陈妈妈讲故事

该放弃时就放弃

在爱因斯坦家喻户晓的时候，他曾收到一封信函，信函的内容是希望他可以出任以色列总统，这是一个千载难逢的好机会，可能有些人一辈子都望尘莫及，可是爱因斯坦却在第一时间选择了回绝，他道："我的一生都在和客观世界打交道，我不擅长处理行政事务，也不擅长公平、公正地对待任何事物，所以我没有能力胜任这一职位。"

或许很多人觉得爱因斯坦的决定是错误的，但对于爱因斯坦来说，他果断地放弃了出任以色列总统的机会，得到的却是更多的时间和精力，让自己更加专注于客观世界，最终，他实现了自己的人生价值。

在生命的长河中，有着数不尽的选择和诱惑，在面临抉择的时候，少一些贪婪，少一些欲望，才能够把复杂的事情简单化。所以，该珍惜的要珍惜，该放弃的要放弃，相信你的果敢会助你一臂之力，引领你走向成功。

智慧锦囊：放开紧握的拳头，你才会拥有更多。

做做换位思考，究竟是得到了，还是失去了？

梅兰中学平日里十分注重学生的全面发展，不仅会培养学生的学习能力，还希望学生有一个健康的体魄，于是，每到第二节课下课后，全校的同学都会聚集到操场上，以班级为单位，进行跑操活动。

高晶晶平时最讨厌的运动项目就是跑步了，每次跑操的时候，她都站在最后一排，吃力地勉强跟上大家的步伐，这一天也不例外，只是在跑操结束后的二十分钟自由活动时间里，发生了一个小小的插曲。

“高晶晶？”此时此刻，陈晓星正拿着跳绳，朝着蹲在花坛边不知道在干什么的高晶晶喊道，“喂！你一个人鬼鬼祟祟地在这里做什么？”

“我没有鬼鬼祟祟，我是在光明正大地找我丢失的东西，”高晶晶边说，边朝着左手边张望，“咦？奇怪，如果没有记错的话，应该丢在了这一带……”

察觉到了事情的严重性，陈晓星夸张地倒吸了一口凉气：“天啊！你的钱包该不会是在跑操的时候丢掉了吧？”

“我丢掉的那样东西比钱包重要多了，”高晶晶头也不回地道，“那是我随身携带了五年的手帕，它对我来说很重要。”

“你说的是那一块白色手帕吗？”陈晓星轻声猜测。

高晶晶点了点头，证实了陈晓星的猜测：“没错，就是那一块白色的手帕，手帕上还绣着牡丹的花样，对我来说，那可是全世界独一无二的手帕……”

见高晶晶如此的沮丧，作为好朋友的陈晓星是不可能坐视不管的，她把跳绳揣进了口袋里，跟着高晶晶一路沿着跑操的线路寻觅，只是十分钟过去了，她们都没有找到白色手帕。正在这时，一个温柔的声音在她们的耳畔响起：“请问一下，你们是在找什么？”

眼前的女生梳着一头俏皮的短发，她的皮肤白皙，深褐色的眼睛在阳光下一眨一眨，长长的睫毛让她看上去很像是可爱的芭比娃娃。虽然已经过了严冬，她的脚上还是踩着一双淡粉色的雪地靴，两个小球装饰在鞋的侧面，走起路来摇摇晃晃的，可爱极了。

“我们是在找一块白色的手帕，可能是刚刚跑操的时候不小心丢了。”陈晓星一五一十地回答。

“是这么大的白色手帕吗？”女生边说边比，见陈晓星点点头，她接着道，“如果你们不介意的话，我可以帮助你们一起找，人多力量大，找到的可能性也大很多。”

说干就干，当所有的同学都在操场肆无忌惮地嬉笑、打闹时，唯独她们三个人低着头，匆匆地穿梭在跑操的路线上，可时间就像是无情的风，在罅隙里不留痕迹地说来就来，说走就走，当自由活动结束的铃声敲响时，三个小女生还是没有找到丢失的手帕。

“唉……”高晶晶垂下了头，“看来，这次它真的离我而去了。”

结合昨天的经历，陈晓星有感而发：“是你的就是你的，不是你的即使强求也无法拥有，我劝你还是做好心理准备，重新再买一块手帕吧。”

“旧的不去新的不来，”陌生的女孩也开口劝慰，“事情已经发生了，就顺其自然地接受吧！并且，你失去了旧的手帕，就可以得到新的手帕，这也是一件值得高兴的事情。”

女孩的安慰给了高晶晶很大的勇气，高晶晶对她抿嘴一笑道：“今天真是谢谢你了，如果不是你的话，我们的寻找进度可能只是现在的一半。”

“不客气，我也没有帮上什么忙，”说罢，陌生女孩冲着高晶晶和陈晓星摆了摆手，“我叫李冉，咱们后会有期。”

失去也是一种得到

很多人都知道，在中东地区有两个湖，这两个湖有着同样的水源，可令人百思不得其解的是，这两个湖有着截然不同的景色。名为加里勒亚湖的湖水清澈见底，鱼儿在湖里自由自在地畅游，在田野与园圃的陪衬下，宛如人间仙境。另一个湖就是让人退避三舍的死海，死海的水质咸度世界排名第一，这里一片荒芜，但凡肉眼能够看到的地方，都是一片死气沉沉。

同样的水源，为什么会出现不同的结果呢？经过研究分析，地理学家找出了问题的原因——加里勒亚湖的湖水之所以清澈，是因为在得到的同时，它也懂得放弃，于是湖里整日流淌的都是新鲜的活水，而死海就不同了，死海只知道接纳，不知道舍弃，所以最终成了死海。

事物如此，人类也是如此，不要过分地注重自己得到的，当失去的时候，也要坦然地接受，俄罗斯伟大的诗人普希金曾写道："一切都是暂时，一切都会消逝，让失去的变为可爱。"

智慧锦囊：把失去当成一种得到，学会在失去中获得更多。

如果没有汉堡，面包也不错

今天的午餐有高晶晶很喜欢吃的沙丁鱼罐头，还有浓浓的番茄酱，配上白饭，虽然看起来简简单单的，但酸酸甜甜的味道正合高晶晶的胃口。只是人倒霉的时候连喝水都塞牙缝——先是在跑操的时候弄丢了手帕，紧接着因为一个大意，刚刚盛好的午饭"砰"的一声全部撒到了地面上。

“啊……我的沙丁鱼……”

高晶晶欲哭无泪，只好拉着陈晓星一起来到了学校的小超市，超市不大，但高峰期总是人满为患，高晶晶对着陈晓星道：“沙丁鱼没有了，那我今天一定要吃到芝士汉堡，如果可以配上一杯奶茶，就更完美了。”

高晶晶是一个喜欢幻想，同时也很容易满足的小女生，只是令她没有想到的是，一波未平一波又起，在超市的门口，她竟然和“恐龙”撞了一个满怀。

“啊！”高晶晶一个重心不稳，猛地摔到了台阶上，好在陈晓星及时伸手拉住了她，否则后果不堪设想。

“你没事吧？”陈晓星看向惊魂未定的高晶晶，“你的脚有没有扭伤？”

“没、没事……”高晶晶拍了拍膝盖上的灰尘，站起身把视线移向那个横冲直撞的男生，不看不知道，一看吓一跳，眼前的男生不是别人，正是和她有过几面之缘的“恐龙”。

还没等高晶晶开口说话，“恐龙”嘴角一歪，轻蔑地道：“哟！我还以为是谁呢，原来是肖卓然的小跟班！真是冤家路窄。”

“喂！你怎么说话呢！”高晶晶虽然斯斯文文的，不喜欢和别人计较，但是陈晓星的性格可不是这样，见“恐龙”出言不逊，她一把把高晶晶拉在了身后，毫不留情地回击，“你没看到你把人撞倒了吗？”

“恐龙”轻笑一声：“这不是肖卓然的同桌吗？作为一个女生，怎么能像只母老虎一样呢？”

“你……你！你说谁是母老虎！”

气急败坏的陈晓星想要上前好好地和他理论一番，可怕事情闹大的高晶晶急忙拉住了她的衣袖，转移了话题：“算了、算了！不要再和他吵了，如果再耽搁下去，我想吃的芝士汉堡一定会售空的。”

“芝士汉堡？你说的是这个吗？”捕捉到关键词的“恐龙”晃了晃他手中的食品袋，“很抱歉地告诉你，最后一个芝士汉堡在我的手里。”

“不会吧……”高晶晶半信半疑地跑进了超市，正如“恐龙”所说，芝士汉堡的柜台上空无一物，就连奶茶也只剩下她最不喜欢喝的香芋味。

看到高晶晶一脸挫败的样子，“恐龙”捧着肚子大笑着离开了，而陈晓星却走到了面包的柜台，买了一个红豆馅面包，递给坐在超市门口闷闷不乐的高晶晶：“不要一脸生无可恋的样子，你看，这是最近才上市的红豆面包，试试看，味道还不错。”

“可是我只想吃芝士汉堡，”高晶晶一脸委屈地嘟起了嘴巴，看得出来，接二连三的意外让她的心情低落到了谷底。

陈晓星苦口婆心地安慰道：“虽然今天‘多灾多难’，但事情已经发生了，就要学会面对现实，就像书上说的，想要经营美好的人生，就要懂得适当妥协。”

“可能我是被‘幸运’遗弃的‘孤儿’吧……”高晶晶叹了口气，缓缓开口，“从小到大，我总是想要什么，就得不到什么，‘幸运’这两个字从来都不会降临到我的身上。”

“怎么会呢？其实你一直很幸运，只是你的想法太偏激，总是把关注点放在让自己不开心的事情上，”陈晓星安慰道，“就好像现在，没有买到芝士汉堡，难道就一定要饿肚子吗？面包也很好吃，为什么不尝试看看呢？”

话音刚落，高晶晶的肚子就“咕噜咕噜”地叫了起来，陈晓星帮助她打开了食品的包装袋，“不要总是排斥改变自己，适当的妥协没有什么大不了的，有时候‘将就’也是一种美好。”

陈晓星说得没错，人生的精彩就在于不断地得到和失去，有自知之明，才能根据大环境的需求施展拳脚。当环境不利于自己时，更要学会冷静地思考问题，要知道，适当的妥协不是懦弱，而是以退为进的人生智慧。

陈晓星有话要说

适当的妥协，会让生活变得更加精彩

曾有一位记者采访过年轻的奥迪汽车设计师，他问道：“您觉得作为一名设计师，最值得注意的素养是什么？”设计师回答：“是妥协，只有适当的妥协，才能更好地迎合大众，设计出更好的作品。”

无论是对自己还是对他人，适当的妥协都可以起到大事化小，小事化了的作用，但是如今，太多的人不懂得妥协的真正含义，他们总是咄咄逼人，得理不饶人，生怕自己吃一点儿亏，其实，这种做法非但不能让自己有所收获，反而会失去更多。

不要把妥协和懦弱混为一谈。对他人妥协是一种大度，是君子的成人之美；对自己妥协是净化心灵，为自己找寻明确的方向。值得注意的是，妥协不是让步和放弃，而是在沟通中达成共识，最终各退一步，完美地解决问题。

智慧锦囊：不要为难自己，适当的妥协会让你变得更加优秀。

学会选择性遗忘，也是一件好事

对于高晶晶的遭遇，身为好朋友的肖卓然深表同情，见陈晓星回到了座位上，他急忙放下了手中的魔方，凑上前问道：“嘿，高晶晶没事儿吧？”

“没什么大碍，就是毛手毛脚，总喜欢犯一些小迷糊而已。”陈晓星云淡风轻道。

“那就好，我还以为她会因为打翻了午餐而自责呢，”肖卓然松了一口气，随后转移了话题，“你们出去吃了什么？我猜，高晶晶一

定去买汉堡了吧，那可是她的最爱。”

“只可惜最后一个芝士汉堡被‘恐龙’买走了，”陈晓星边说，边准备好了地理课的教科书，“你应该知道是哪个‘恐龙’吧，没错，就是那个‘恐龙’。”

陈晓星这句话说得云里雾里，但她清楚地知道，肖卓然一定知道所谓的“恐龙”是谁，只是令她没有想到的是，肖卓然竟然挠挠头，眨眨眼睛问道：“恐龙？你说的是远古时期的恐龙吗？”

陈晓星停止了手上的动作，看向肖卓然：“我说的‘恐龙’是隔壁班的男生‘恐龙’，在游乐场的时候，他还对你出言不逊，难道你忘记了吗？”

“什么时候的事？我怎么不知道？”肖卓然皱起了眉头，“我记得那一天在游乐场里玩得很尽心，根本就没有人对我出言不逊，”说罢，他用手摸了摸下巴，“你该不会是记忆紊乱，把发生在别人身上的事，记到我的身上了吧 ？”

“How can that be ?”陈晓星情急之下脱口而出一句英文，“一周前的春游，当时高晶晶、揭泽陆，还有我们两人都在现场，就在旋转木马的前面，我们遇到了‘恐龙’。还有，我们在魔鬼城里遇到了恐龙的同学，你和他比试了胆量。”

为了唤起肖卓然的记忆，陈晓星把时间、地点、人物，通通都说了出来，可即使如此全面，肖卓然还是摇了摇头，表示并不知情：“拜托，你别开玩笑了，我只记得我一个人挑战了魔鬼城，但是我并不记得我和谁比胆量了，我猜，你一定是记错了。”

说罢，肖卓然从容自若地从笔袋中拿出了一只签字笔，只是他的模样越镇定，陈晓星就越觉得事情有蹊跷。想想也是，仅仅是发生在几天前的事，怎么可能说忘就忘了呢？可就在这时，肖卓然藏在书桌里的一本书让她发现了端倪……

“《学会选择性遗忘，也是一件好事》，”陈晓星默念出声，同时也恍然大悟，她用手敲了敲肖卓然的桌子，清了清喉咙，“好啊！我差点被你的演技蒙骗了，你根本就记得那件事情，只是你看到了这本书，学会了选择性遗忘，我没猜错吧？”

肖卓然只好尴尬地傻笑两声，坦言：“这都被你发现了，看来我的演技还不够好，有待提高。”

“这本书看起来很有意思，可以借我看一看吗？”陈晓星又问。

“当然可以，”肖卓然把书递给了陈晓星，书看起来不是很厚，但没想到拿在手中还有几分重量，随后，肖卓然接着道，“这是我从爸爸的书柜里找到的书，书封有点旧，可里面的内容很有趣，我就是看了这本书，才学会选择性遗忘的。”

陈晓星是一个喜欢看书的女生，光是她收集的书，就摆满了整整两排的书柜，但是有关于选择性遗忘的书籍，她还是第一次见，她把书平放在课桌上，随意地翻开了其中的一页，刚好看到里面的内容被肖卓然用铅笔做上了标注……

学会忘记那些不开心的事

人生如同厨房里的调味品，酸、甜、苦、辣、咸各有自己摆放的位置，仔细品尝后可以发现，五味调料中，除了甜，剩下的四种或多或少都会有一些奇怪的味道，让人一言难尽。

每一个人在岁月的长河中都承载了太多的记忆，在这些悲欢离合中，最令人难以忘却的还是心酸的往事和遗憾的故事，所以，如果想让生活多一点儿甜，选择性遗忘或许是一个不错的建议。

或许看到这儿，你会恍然大悟自己为什么不快乐，的确，总是回忆那些伤心的往事，人怎么会变得快乐起来呢？相反，如果从现在开始把不开心的事情抛到一边，让快乐充斥自己的生活，压在心头的乌云或许就会散去。

回忆小的时候，过年放鞭炮时穿上新衣服时的欣喜，还有在学校第一次拿到奖状时的自豪，你还记得那些关心过你，帮助过你的可爱的人吗？你还记得曾经的自己一步一个脚印创造的小小奇迹吗……想一想，其实你的生命中除了心酸，还有很多的快乐，不是吗？

学会接受眼前的现实，把心中的苦闷降到最低，就像无忧无虑的孩童一样，不会因为小事而烦恼，也不会记恨他人的过错，要相信快乐无处不在，只要你肯张开双臂，就可以把它拥入怀中。

从现在开始学会选择性遗忘吧！不要再去在意那些伤心的过往，把它们统统抛在脑后，卸下心中沉甸甸的包袱，背上书包轻装上阵吧！

“‘要相信快乐无处不在，只要你肯张开双臂，就可以把它拥入怀中。’这句话写得太好了……”陈晓星禁不住感叹道。

“是啊，”肖卓然反省道，“以前的我就是把快乐拒之门外，现在想一想，所有的压力都是自己给自己的，要想改变现状，就要从改变自己做起。”

“看来，你现在也是一个明白人了。”说罢，陈晓星把视线移向窗外，此时此刻，湛蓝的天空飘着几朵白云，不远的地方，五星红旗迎风招展，它好似在对她说：亲爱的朋友，一切都是那么的美好，明天也是一样……

肖卓然有话要说

不要让烦恼霸占了快乐的位置

从出生的那一刻起，人学会的第一个表情就是“哭”，从此以后，难过、悲伤、痛苦、无奈等负能量接踵而至，直到长大成人，学习的压力、工作的烦恼还是让人苦不堪言，于是，不快乐占据了人生绝大部分时间，相比之下，快乐少之又少。

为什么不选择把悲伤遗忘，让快乐填满自己的人生呢？时间同样在流逝，为什么不去回味生活的甜蜜，而偏偏要钻牛角尖，为难自己呢？你有选择遗忘的权利，也有选择快乐的权利，为什么一定要选择遗忘快乐呢？

从现在开始，善待自己，学会将烦恼遗忘吧！趁着天还蓝，水还清，多多领略生活的美好，相信你的人生，会从此变得不一样。

智慧锦囊：将烦恼遗忘，让快乐填满自己的人生。

最糟的结果，也不过是从头再来

为了弥补留下的遗憾，当天晚上，陈晓星和时晚晚两人一同陪着高晶晶到商店里挑选新的手帕，时晚晚喜欢紫色，于是拿起一块紫色横条纹的手帕，对着高晶晶道：“这块手帕怎么样？既简单又大方，很符合你的文艺气质哦！”

“虽然很好看，可我更喜欢朴素一点的颜色。”高晶晶委婉地拒绝了时晚晚的推荐，把视线移向另一个区域的手帕，其中，有一块米白色的手帕引起了她的注意，这块手帕除了用褐色的线勾勒封边，再没有任何的花纹和装饰。

“咦？这块手帕和你不小心弄丢的那块手帕很相似，”陈晓星也有同感，“不仅颜色相似，大小和质地也差不多。”

“是呢，”高晶晶点点头，“我就是因为它们的样子很像，所以才看中了它，只是……”

“只是什么？”忽然间，一个不速之客从她们的身后走了过来，高晶晶转过头，看着眼前这个既熟悉又陌生的女孩，禁不住大吃一惊，“李冉？怎么是你？”

“你竟然记得我的名字？”李冉不可思议地睁大了眼睛，“我当时只是随口一说，没想到你竟然记住了。”

“你帮了我的忙，我理应记住你，”高晶晶说罢，把挑选好的手帕递给了李冉，“你看，这块手帕和我弄丢的那块手帕很像，只是在这个位置上，少了一朵粉色的牡丹花样刺绣。”

“这块手帕很特别，”李冉缓缓道，“问题在于现在用手帕的人越来越少，想要找到一模一样的手帕，简直是大海捞针。”

“没关系，我已经接受现实了，”高晶晶莞尔一笑，露出了一对小虎牙，“就像你说的，旧的不去，新的不来。”

“难道你没有想过自己绣一朵牡丹上去吗？”李冉转移了话题。

“自己动手绣一朵牡丹？”高晶晶从来没有想过这个问题。

“这是一个好主意，”站在一边的陈晓星举手表示赞同，“自己动手绣出的牡丹不仅独一无二，还有纪念价值，”说罢，她看向高晶晶，“晶晶，你干脆按照印象中的牡丹图绣一个吧，我想成品一定会很漂亮的。”

“话说得简单，我连缝衣服都不会，怎么可能绣出那么复杂的牡丹呢？”高晶晶摆摆手，“不行、不行，不是我不想，而是我没有那个手艺。”

“你不会，但是我会，”一直没有说话的时晚晚打了一个响指，“如果你不介意的话，这件事情就包在我身上了，针线活是我最在行的。”

“真的吗？”高晶晶又惊又喜，一时间还以为自己的耳朵听错了。

“当然了，”时晚晚点点头，“作为一名未来的服装设计师，这点小小的挑战算得了什么呢？如果绣得不好，大不了从头再来，相信我，我不会让你失望的！”

在人生的道路上，失败是再平常不过的了，每个人都有过失败，都面对过失败，但是很少有人会在失败的面前临危不乱，从容地解决问题。其实，失败并没有想象中那么可怕，最坏的结果是什么呢？大不了从头再来。就像给那块没有花纹的手帕绣上花样，即使第一次失败了，只要你肯努力，还可以重新绣上你想要的图案。

李冉有话要说

最糟糕的结果，也不过是从头再来

很多人会发现一个问题，人在小的时候，即使跌倒了无数次，也会跌跌撞撞地爬起来，可当人渐渐长大，面对的责任和压力越来越大，就越来越害怕摔倒，害怕失败。是人的胆子变小了吗？答案当然是否定的，这是因为人们害怕自己会因为一次的失败，失去所拥有的一切。

可是现实往往不会像童话故事里那样，无论如何都会有一个完美的结局。人生有输就有赢，没有人可以保证一辈子一帆风顺，所以，要学会正向看待失败，从容面对问题，昂首挺胸，大不了从头再来。

勇敢一点，不要被失败击倒，拿出小时候不怕摔的精神，坚强地面对一切，就好比著名企业家褚时健，即使两次跌入了人生低谷，还是选择顽强地攀登高峰，最终通过自己的努力，从“烟草大王”变成了“中国橙王”，创造了属于自己的奇迹。

智慧锦囊：经历失败没有什么大不了的，最糟糕的结果也只不过是从头再来。

适当的停歇，是为了攀登更高的山峰

暮色降临时，家家户户都点亮了灯，远远望去，灯海连成一片，在月朗星稀的夜空下显得格外耀眼。不远的地方，霓虹闪烁着绚丽的色彩，与河面的粼粼波光交相辉映，景色美得令人窒息，可正在忙碌的人们却无福享受。

此时此刻，时晚晚也是忙碌的人之一，她坐在工作台前，正一针一线专心致志地在手帕上绣着牡丹呢！牡丹已经有了雏形，现在她要做的是，用深浅不同的粉色线精细地勾勒牡丹的纹路，让牡丹看起来更加的立体与饱满。

这时，时妈妈端着一杯热牛奶走了进来，她故意放慢了速度，减小了声音，怕自己的出现会让宝贝女儿分神，她将牛奶轻轻地放在一边，温声细语道：“晚晚，时候不早了，你该睡觉了。”

“今天恐怕要十二点之后才能睡觉了，”时晚晚头也不抬地道，“我答应了高晶晶要帮助她绣牡丹，所以无论如何，我也要遵守承诺。”

“即使要遵守承诺，也要休息一下，劳逸结合，”时妈妈嘱咐道，“你已经坐在这里两个小时没有起身了，小心你的身体会吃不消。”话音刚落，时晚晚就因为被针不小心扎到，“啊”地叫出了声，一滴血渗出了皮肤，在灯光的照射下分外刺眼，时晚晚立即放下了手帕，把手挪到了一边，时妈妈从医药箱中找出了创可贴，心疼地替时晚晚做了简单的包扎。

“妈！只是扎了一下而已，又不是伤口，不用大惊小怪的。”时晚晚说罢，打了一个哈欠。

时妈妈道：“就你现在的精神状态，恐怕早晚要受伤，来，喝点热牛奶，吃点小点心补充一下能量，身体有了能量，才有精神完成任务。”

还别说，感觉到了疲惫的时晚晚还真有一些力不从心，要知道，如果不是要帮助高晶晶绣牡丹图样，她在这个时候早已经和周公“约会”了，见时针已经指向了十一点，时晚晚伸了一个懒腰：“好吧，那我就休息一下。”

一盒曲奇饼干和半杯热牛奶下肚，整个人都精神了不少，趁着状态良好，时晚晚又把自己关在了工作室里，忙起来又是一个小时。出于担心，时妈妈在客厅里来回踱步，想睡也睡不着，直到时针指向一点时，她才小心翼翼地推开了房门，轻声道：“晚晚，绣得怎么样了？”

回答她的只是一片沉寂。此时此刻，时晚晚趴在工作台上睡得正熟，放在手边的手帕上，一朵牡丹栩栩如生地绽放在右下角的位置，如果不是亲眼所见，时妈妈还真的很难相信，这朵牡丹出自她女儿之手。

“晚晚，晚晚？”时妈妈拍了拍时晚晚的肩膀，“醒醒，快到床上去睡。”

时晚晚睁开惺忪的睡眼，下意识地拿过手帕，自言自语：“我怎么睡着了？还差一点，就差一点我就绣好了。”

“有什么事情早上再说，”时妈妈劝慰道，“以你现在的精神状态，怎么可能专心地完成任务呢？你放心，我会早早叫你起床，给你时间完成任务，现在你要做的，就是好好休息，养精蓄锐，明白吗？”

时妈妈说得对，没有足够的精神，怎么可能高效率地完成任务呢？听了时妈妈的建议，时晚晚不再固执己见，而是乖乖地躺在了床上，瞬间进入了梦乡……

清晨，阳光透过蕾丝窗帘，洒落在了被子上，与此同时，时妈妈也走进了房间，叫醒了沉睡的时晚晚。起初，时晚晚还因为睡眠不足而赖床，但是一想到自己还有任务没有完成，她就迅速起身穿起了衣服，踩着拖鞋来到了工作台。

牡丹的图样已经绣好，现在只差两片叶子的点缀，和牡丹花的烦琐相比，叶子绣制过程就显得简单多了，绣针在手帕上来去自如，很快，两片叶子有了雏形，只需用最后一种颜色，将留白的地方填满，就大功告成了。

五分钟后，看着自己辛辛苦苦完成的作品，时晚晚激动到说不出话来，她第一时间把劳动成果分享给了时妈妈，她对时妈妈道：“劳逸结合真的可以提高做事效率，我自己都没有想到竟然会在这么短的时间里绣好这两片叶子。”

“做任何事情都不能操之过急，”时妈妈边说，边把煎好的鸡蛋装进了盘子里，“很多事情都要通过累积才能获得成功，所以在努力的过程中，也要学会休息。”

时晚晚懵懂地点点头：“怪不得学校里会有课间休息的时间，看来也是劳逸结合的道理。”

“聪明，”时妈妈接过话，“只有时刻保持头脑的清醒，才能做到最好，希望长大以后的你也能明白这个道理，对自己好一点，生活也会变得轻松一点。”

听时妈妈讲故事

劳逸结合才会有更好的收获

有一头牛，无论春夏秋冬都任劳任怨地为它的主人耕田，随着它年纪的增长，它也越来越感觉到工作的吃力，这一天，牛对主人说：“亲爱的主人，我已经没有力气工作了，我是否可以休息一会呢？”善良的主人答应了牛的请求，于是每天都会给它足够的休息时间。

很多人笑主人“傻”，牛生来就是为人劳动的，哪有让牛休息的道理？面对着所有人的不理解，主人依旧坚持己见，直到秋天来临，收割了粮食，大家的议论声才停止，因为和普通的人家相比，主人家收割粮食的效率高，损失率更小。

后来，主人分享了它的妙招："其实很简单，我只是让牛劳逸结合，在它感觉到累的时候让它休息，在它渴的时候给它水喝，在它饿的时候填饱它的肚子，而不是让它又累、又渴、又饿地去工作。"

在人生的轨迹中，总会上演无法预知的意外，当感觉到力不从心时，不妨把繁杂的琐事推到一边，小憩一下，要知道，休息并不等同于懒惰，相反，适当的休息可以提高做事的效率，也可以提高做事的积极性和乐趣。

正如古人所说："一张一弛，文武之道。"只有将劳动和休息完美结合起来，才会收获幸福，收获快乐。

智慧锦囊：劳逸结合，张弛有度，只有将劳动和休息完美结合起来，才会收获幸福，收获快乐。

第五章

强大的内心，是击垮压力的秘密武器

完美的事物只存在于童话世界里

每一个人在前进的道路上，都会遭遇出乎意料的难题，就好比肖卓然的奥数比赛失利，高晶晶不小心弄丢了心爱的手帕。但与此同时，也会给人带来意想不到的收获和惊喜，就好比一直在为新的采访内容烦恼的陈晓星，她终于找到了合适的主题——压力。

她发现，每个人都有自身的压力，学生有学习的压力，大人有工作的压力，老师的压力是桃李之教，医生的压力是救死扶伤……总之，无论是什么身份，是什么年纪，都会有藏在心里的压力。

为了让采访内容更全面，陈晓星在放学后一个人来到了学校的图书馆里，并在图书馆里，遇到了初三（5）班的学姐——苏颖。苏颖是学校里的“小红人”，曾多次担当活动的主持人，也是学校里的广播站站长。

和平时一样，她梳着高高的马尾辫，走起路的时候，长至腰间的发尾都会随着步伐有规律地左右摆动。苏颖喜欢粉色，她的所有东西都是粉色的，粉色的书包、粉色的文具盒、粉色的运动鞋，甚至连她的眼镜框都是粉色的。

“陈晓星。”苏颖甜甜地打了一声招呼。

“晚上好，学姐。”陈晓星把书本放到了座椅上，坐到了她的身边。

苏颖率先展开了话题：“这么晚来图书馆里查资料，是不是还在为新的采访内容而发愁？”

“新的采访内容确实让我伤脑筋，”陈晓星边说边打开了书包，

拿出了自己的记事本，“好在我已经找到了方向，我打算以压力为主题，策划一篇《强大内心，击垮压力》的报道，”说罢她看向苏颖，“你觉得怎么样？”

“压力这个主题太适合我们初三的学生了，”苏颖产生了共鸣，“我们每天都有复习不完的功课和做不完的试卷，老师说寒窗苦读这九年，就是为了中考的一搏，你想想看，能没有压力吗？”

“我能够理解你的心情，”陈晓星边说，边拿笔记下了苏颖的压力，随后，她问苏颖，“你呢？有没有想好新的广播站主题？”

苏颖摇了摇头：“想法倒是很多，但真正深得我心的还没有出现。”

陈晓星提议道：“那你就和我一起研究压力吧！我写报道，你主持校园广播，我们既可以相互交流，也互不干扰，何乐而不为？”

“咦？我怎么没有想到呢！”苏颖似乎发现了新大陆，“这个主意好！《强大内心，击垮压力》，这个主题也十分适合校园广播，只是……”

见苏颖欲言又止，陈晓星问道：“只是什么？”

“只是主题虽然确定了，但关于压力的话题有很多角度，我们应该从哪里入手呢？”苏颖陷入了深思。

“就从不完美入手吧！”陈晓星指向了苏颖正在看的书，书名正是《接受不完美的世界，接受不完美的自己》，这给了她灵感，“人生没有完美的，人有悲欢离合，月有阴晴圆缺，只是很多人不懂得这个道理，他们把这种不完美当做负担和压力，自寻烦恼。”

“没错，”苏颖接着道，“由于把一切事物想象得过于完美，所以当看到了不可避免的缺陷时，会对自己的能力产生怀疑，还有的人把自己想象得过于完美，自我认知的偏差导致他们处处碰壁，最终抱怨这个世界的不公平。”

听苏颖说得头头是道，陈晓星禁不住称赞道：“不愧是广播站站长，你出口成章的本领正是我求之不得的。”

“我也有很多的缺点，”苏颖干脆掰起了手指头，“比如我的运动细胞不发达，每次跳远都是班级的最后一名；我的记忆力也不是很好，最头痛的事情就是背诵台词了；还有我没有绘画的天赋，我曾画了一个太阳，被我的家人看成了向日葵；还有我不喜欢吃胡萝卜，可能是因为这个原因我的视力不太好……”

苏颖一口气说出了自己的四个缺点，让陈晓星哭笑不得：“你难道是在告诉我——没有任何事物是完美的吗？看来，人人都有不完美的一面，在他人眼中光芒四射的你也是一样。”

苏颖有话要说

人有悲欢离合，月有阴晴圆缺

人的一生就像是在走一条没有回头的路，即使磕磕绊绊，也不得不在泥泞的路上前行，很多行走在途中的人，会因为脚下的路并不平坦而失去耐心，他们有的怨天尤人，有的干脆停下脚步选择自生自灭。

还有一种人，他们相信自己有飞翔的本领，面对前方的困难险阻，他们不屑一顾，直到他们无路可退时，才发现自己的愚昧与无知。于是有的人继续逞强，一口咬定自己可以飞翔，在空想中虚度人生。而有的人却在绝望中一蹶不振。

虽然每个人都有不同的思维方式，但是唯一相同的是，面对未知的未来，人人都有压力。压力并不可怕，适当的压力会促使人们前进，但如果把压力全部放在对于世界、对于自己的不完美的苛责上，那就得不偿失了。

学会接受眼前的不完美，无论对人还是对事，都要用善意的心去感受，相信宽容的心会成为你的得力助手，它会陪伴着你，在前进的道路上笑看风雨，勇往直前。

智慧锦囊：学会接受眼前的不完美，用宽容、善意的心去看待周围的一切。

把烦恼统统锁在阁楼里

“除了让同学们知道‘世界的不完美’，我提议可以在内容里增加一些排解压力的方法，”说到这儿，陈晓星看向苏颖，“学姐，你有什么好的方法值得分享吗？”

“我还真有一个特别的排解压力的方法，”苏颖卖了个关子，“只不过现在没有办法告诉你。”

“为什么？”陈晓星放下圆珠笔打趣道，“难道有什么不可告人的秘密吗？”

陈晓星说的是一句玩笑话，但令她没有想到的是，苏颖还真就做了一个“嘘”的手势，在她的耳边神秘地道：“真的是一个秘密，你要替我保密哦！”

在苏颖的带领下，陈晓星来到了教学实验楼的五楼，众所周知，这里大多是教师们办公和开会的地方，很少有同学出入，陈晓星拉了拉苏颖的衣袖：“学姐，你带我来这里做什么？”

“小声点！”苏颖没有回答陈晓星的问题，而是轻声嘱咐道，“很多老师会选择在放学后备课，我们要尽可能地保持安静。”

沿着走廊一直往深处走，映入眼帘的是通往阁楼的小楼梯，这是陈晓星第一次到这个地方，好奇心促使她四处张望，她甚至幻想，这里会不会藏着一个供老师们休闲娱乐的场所，那里有好玩的桌游，还有可口的奶茶和咖啡，只是她万万没有预料到，苏颖竟然在阁楼的楼梯前停下了脚步。

“这就是我说的小秘密，”顾不得陈晓星的诧异，苏颖走上楼梯，从口袋中拿出了一把钥匙，麻利地打开了阁楼上锈迹斑斑的锁头，随后，她转过身看向站在原地瞠目结舌的陈晓星，“还愣着干什么？快进来啊！”

在陈晓星的印象中，阁楼里都是堆满杂物的，可眼前的这个不足十平方米的小房间颠覆了她的想象，除了角落里排列整齐的四个纸箱，就只有一张工作桌和两把椅子了，只是四周的水泥墙在橙黄色灯光的映照下，显得有些阴冷和诡异。

“这……这究竟是什么地方？你为什么会有这里的钥匙？”看得出来，陈晓星还没有从震惊中缓过神来。

“其实，这里是我的‘办公室’，”苏颖没有再卖关子，开始侃侃而谈她和小阁楼的不解之缘……原来，早在一年前，苏颖就希望可以有一个独立的空间，作为她撰写稿件和策划活动的地点，只是当时在放学后，所有教室和教师办公室都不允许学生出入，于是校长就批准，将阁楼作为她临时的办公室。

起初的时候，苏颖并不觉得高兴，小小的阁楼条件简陋，由于没有供暖系统，一到冬天就冷得瘆人，可是待的时间久了，她渐渐对这里产生了感情，甚至谢绝了调换办公室的好机会。

陈晓星大为不解地问道：“这里有什么好？为什么不为自己争取温暖而舒适的地方呢？”

“我起初也觉得这里并不好，”苏颖边说边走到窗前，“直到我发现了这个……”

“窗？”陈晓星看着眼前又小又圆的窗，丈二和尚摸不着头脑，“稀松平常的窗，有什么稀奇？”

“除了窗户，我还发现了它，”苏颖说罢，打开了窗口边的纸箱子，纸箱子里，竟然有一个望远镜，随后，苏颖把望远镜递给陈晓星，招呼她道，“来！这里可以看到美丽的风景哦。”

半信半疑的陈晓星缓步上前，透过望远镜看到了远处连绵壮观的山河，陈晓星禁不住道：“真是太美了……”

“如果等到天黑，还能够看到满天的繁星呢，”苏颖抿嘴一笑，切入了主题，“怎么样？这就是我缓解压力的方法，有这么美的景色陪伴着我，我还有什么理由因为明天而烦恼呢？”

不可否认，人生中有很多事情，越想忘掉，就越忘不掉，许多烦恼装在心里，久而久之就形成了压力。可是想想看，谁没有烦恼，谁没有压力？但身边的大多数人还是积极乐观地面对生活，不是吗？

尝试着排解自己的压力吧！把烦恼当成过眼云烟，统统扔到阁楼里，学习用正向的心态面对往事，把苦难当成经历，净化了心灵，敞开了心扉，眼前的景色会变得更加美不胜收。

苏颖的资料库

排解压力的小妙招

人的压力有千千万万种，但无论是竞争的压力、学业的压力，还是家庭给予的压力、人际交往的压力，都要自己去克服、排解。下面简单介绍几种排解压力的小妙招，希望可以给大家带来一些帮助。

1. 呐喊法。找一个空旷的地方，使出全身的力气朝着远方呐喊，压力和烦恼会神奇地随着呐喊而消失。

2. 倾诉法。如果心中有压力，不要一直藏在心里，找信得过的亲朋好友，向他们诉说，或是把玩偶当成吐露烦恼的对象，相信它是绝对不会告密的。

3. 食疗法。都说甜品会让一个人感觉到快乐，所以在压力无处释放的时候，不妨独自一人去品尝美食，和美食在一起，还有什么事情值得烦恼呢？

4. 聆听法。听听喜欢的歌，或是激昂的交响乐，或是优雅的轻音乐，只要是能够让你内心感到平静的音乐，都是最好的心理医生。

5. 运动法。当感觉到压力时，不妨到操场上跑跑步，做做运动，挥洒汗水，洗个热水澡，再睡个好觉，让烦恼烟消云散吧！

6. 书写法。准备一个日记本，把自己的烦恼和压力统统写在本子上，再将它锁到抽屉里，相信它的存在会帮助你排解心中的压力与负担。

总之，只有排解了压力，内心才会变得更加光明，否则就如同蒙上了一层灰的望远镜，再美的风景在你的眼中也会变成尘埃。

智慧锦囊：只有拭去了心中的阴霾，心灵才会充满光明。

用他人的错误惩罚自己，一点也不好玩

学习生涯里总是充满惊喜，三天两头，都会有神奇的小事在身边上演，就好比端午节那一天，陈晓星和高晶晶邀请肖卓然一起去西溪湿地看赛龙舟，没想到，在赛龙舟的现场，发生了让肖卓然一生都难忘的事……

每年的端午节，西溪湿地都热闹非凡，河岸两边敲锣打鼓，热火朝天，很多当地的居民和外来的游客都会在这一天不约而同地相聚在这里，只为了目睹赛龙舟的盛事，陈晓星手扶着鸭舌帽，和高晶晶直接来到了人声鼎沸的河边，而肖卓然却禁不住频频向后张望，看上去似乎有什么心事。

“你没事吧？”陈晓星问肖卓然。

“你们看，”肖卓然指向不远的地方，他手指的方向，几位身穿橙色参赛服的划桨手正在熙熙攘攘的人群中来去匆匆，肖卓然提议，“那边好像发生了什么事，不如我们去看看吧？”

好奇心旺盛的陈晓星点点头，拉起高晶晶就朝着来时的路走去，走近一看，事态似乎比他们想象的更加严重，此时此刻，十几位赛龙舟的选手没有像其他选手一样热身，而是分散开来，朝着四面八方呼喊“小龙”的名字。

“他们似乎是在找人，”高晶晶猜测道，“该不会是其中的一位划桨手掉队了吧……”

“问问就知道了，”话音刚落，肖卓然就大步向前，对着其中一位手腕上带着红色护腕的划桨手问道，“您好，请问一下……究竟发生了什么事情？”

“别提了，”划桨手一脸的焦急，“赛龙舟比赛眼看着马上就要开始了，可是我们的队员小龙竟然‘失踪’了，手机打不通，人也找不到，如果人数有误，恐怕我们‘迎风队’会被取消参赛资格！”

“有这么严重？”肖卓然倒吸了一口凉气，“赛龙舟一年只有一次，如果因为一个人的失误导致全部的人不能参加比赛，那岂不是太遗憾了。”

“所以‘迎风队’所有的划桨手都放弃了赛前准备，全体出动，只为了找到小龙，”说罢，他看向肖卓然，“如果可以的话，你们也帮我一起寻找他吧，这是他的照片，”划桨手从口袋中拿出手机，打开了相册，“他的肤色很黑，眼睛细长，头发总是乱糟糟的，如果你们可以帮我们找到他的话，那就是帮了大忙了。”

说实话，在人潮中，想要找到一个陌生的男性简直是大海捞针，即使陈晓星、高晶晶和肖卓然想要帮忙，也是毫无头绪，不知从何下手，转眼间，十分钟过去了，毫无收获的三个小伙伴聚集到了一起，肖卓然担忧地道：“怎么办，如果一直找不到人的话，你们真的会因为人数不符取消参赛资格吗？”

高晶晶也接话道：“难道你们没有替补队员吗？让替补队员顶替选手，问题就解决了。”

“如果真有那么简单，我们就不会大费周章了，”划桨手紧攥着拳头，叹了口气，“替补队员临时出了状况，不能赶到现场，看来，这次的赛龙舟是泡汤了……”

“怎么会呢？还是有办法的，”陈晓星灵机一动，出了一个“馊主意”，“是不是只要人数补齐就可以参加比赛？如果是这样的话，你们可以让肖卓然同学代替选手参加比赛，如此一来，比赛就可以照常进行了。”

“我？”肖卓然吓了一跳，“喂！陈晓星同学，你没有搞错吧？”

“有什么不可以？”陈晓星歪了歪头，“非常时期，就要有非常的对策，作为男子汉的你，应该伸出援手，救人于水火之中！”

“可是……可是我从来都没有赛过龙舟，甚至连划船都不会……”肖卓然做出了一副求饶的姿态，“你就饶了我吧……”

“这一点你不要担心，你只要跟着我们的节奏划桨就可以了，”令肖卓然没有想到的是，就连划桨手也觉得这个主意不错，他看向肖卓然，满眼真诚地道，“小肖同学，如果你可以帮我们这个忙，我们一定会好好感谢你的，拜托了！”

在大家的劝说之下，肖卓然硬着头皮换上了划桨手的服装，紧接着又跟着整支队伍上了早已停泊在起划线上的龙舟，为了不影响比赛，他被安排在了中间的位置，坐在他身后的划桨手拍了拍他的肩膀："小伙子，不要紧张，你只要跟上我们的节奏就可以了，我们'迎风队'一定会竭尽全力完成比赛。"

最激动人心的时候到了，随着一声枪响，'迎风队'和'红旗队'展开了激励的角逐，两艘龙舟犹如离弦的箭，飞速地朝着目标的方向移动，此时此刻，紧握着桨的肖卓然有些不知所措，大脑一片空白的他只能学着前面划桨手的动作，划着手上的桨，桨掠过水面，溅起了朵朵浪花，不一会的工夫，他的裤子就被河水溅湿了……

"坚持住！呼气……吐气……"身后的划桨手时不时地为肖卓然加油打气，可就在这个时候，"红旗队"渐渐地超过了"迎风队"，站在龙舟头的老鼓手更加有力地挥舞起鼓棒，鼓声阵阵入耳，很是振奋人心。

此时，站在岸边的陈晓星和高晶晶也没闲着，她们伸长了脖子，吹着哨子为"迎风队"加油助威，"迎风队"自然不甘落后，划桨手们各个铆足了劲儿，奋力地划着桨拼命追赶，可遗憾的是，"迎风队"最终以落后"红旗队"两米的距离，输掉了比赛。

离开赛场的肖卓然沮丧不已，他自责地对着高晶晶和陈晓星道："都怪我，如果不是因为我不会赛龙舟，拖了大家的后腿，这场比赛就不会输了……"

"你胡说什么呢？"高晶晶打断了他的话，"你不需要自责，这并不是你的错，况且，如果不是你挺身而出，'迎风队'就没有办法参加比赛了。"

"就是，"陈晓星也安慰道，"谁都不希望输掉比赛，如果非要找出一个负责任的人，那么这个人也不是你，而是那个临阵脱逃的划桨手，你为什么要用他人的错误惩罚自己呢？其实你已经做得很好了。"

"真的吗？"肖卓然半信半疑地抬起头，"我真的没有把整场比赛搞砸吗？"

"当然没有了，"高晶晶摇摇头，"虽然你是第一次赛龙舟，但是在我们看来，你和那些划桨手一样努力，否则，他们也不会对你赞不绝口，对吗？”

“是我想太多了吗？”肖卓然喃喃自语，“我还以为一切都是我的责任，是我的失误导致大家输掉了比赛呢！看来，是我想得太多了……”

“你的确有喜欢胡思乱想的坏毛病，”陈晓星直言不讳，“就好比上一次的奥数比赛，根本就不会有人因为你的失利而排挤你，只是你自己把问题放大化了。所以，不要总是过分地责怪自己，其实你真的很优秀。”

陈晓星有话要说◢

不要用他人的错误惩罚自己

在平时的学习、生活中，难免会遇到一些小小的失误，有的人会因此想不开，认为这全都是自己的责任，虽然敢于承担责任是成熟的表现，但如果因为一件小事而自怨自艾，或是拿别人的错误来惩罚自己，就太过愚蠢了。

要学会从正确的角度思考问题，不要把所有的过错都揽在自己的身上，同时，也不要怀疑自己的才能，即使出错，也没什么大不了的，要记住，没有人会在意你曾经摔倒了几次，人们在意的是，你可不可以在摔倒后顽强地重新爬起来，跑得更远。

学会善待自己，爱惜自己，学会欣赏自身的优点，尽自己所能，发挥长处，弥补缺陷，无论是对自己还是对他人，都要怀着一颗宽容的心，相信这样的你一定会发现生命中更多的精彩。

智慧锦囊：学会善待自己，爱护自己，不要用他人的错误惩罚自己。

种种花，养养鱼，也别有一番滋味

为了感谢肖卓然在非常时期的大力相助，“迎风队”特地邀请肖卓然、陈晓星和高晶晶参加他们的“烧烤派对”。在一个农家大院里，最初与他们相识的划桨手热情地招待他们：“这里是我家，不要客气，大家都是自己人。”

“谢谢您的招待，”陈晓星礼貌地回应，“希望不会打扰到您。”

“不要那么拘谨，”另一位划桨手做起了自我介绍，“我叫金阳，我是这里年纪最大的，所以大家都叫我阳大哥，这里的主人叫孙旭尧，我们都叫他小孙，我们平时有事没事都会来这里小聚，吃吃烧烤，把酒言欢。”

“你们的生活还真是潇洒！”肖卓然禁不住感叹道，“不像我们，每天上学、放学，回到家里吃饭、做作业，第二天醒来还是一样，完全没有一点儿自由，如果不是因为今天是端午节，恐怕现在我们还在教室里上自习课呢！”

“我们平时还不是一样要上班？”小孙开口道，“我是吉他老师，阳大哥是水族馆的老板，平时的我们和你们一样，也有自己需要完成的任务。”

“果然无论是学生，还是上班族，都有自己的压力和烦恼，”高晶晶深有体会地感叹道，“看来，人的一生和‘压力’脱不了关系。”

“也并不完全是这样，”阳大哥放下了手中的酒杯，“我就没有压力，没有烦恼，因为我每天都和可爱的鱼儿生活在一起，看着它们自由自在地在水里游来游去，心情也会变得豁然开朗。”

“这就是您排解压力的方式吧，”陈晓星想起了自己的采访内容，“排解压力的方式有千万种，或许观赏鱼也有帮助人们减轻压力的魔力。”

见和几个小朋友聊得投缘，阳大哥转移了话题：“我的水族馆就在附近，要不大家待会儿前去参观一下？”

“太棒了！”肖卓然连想都没想就擅自做主，“不瞒您说，我爸爸也十分喜欢鱼，只是他喜欢鲤鱼，而且是红烧鲤鱼。”

肖卓然的一句话把在场的人逗得哈哈大笑，只是他并不知道，一会儿在阳大哥的水族馆里，还真的能看到“鲤鱼”，只不过此“鲤鱼”非彼“鲤鱼”，它是一种名为锦鲤的观赏鱼。对锦鲤颇有研究的高晶晶道：“锦鲤生性温和，易于饲养，据说在早期，锦鲤是王公贵族最欢迎的宠物。

“你知道的还真多，”阳大哥立即对高晶晶刮目相看，“难道你也喜欢养鱼？”

“我的爸爸喜欢养鱼，也喜欢钓鱼，”高晶晶腼腆地道，“平时他喜欢看一些相关的书籍，闲来无事的时候我也会翻一翻，所以大多数的鱼我都认得。”

“看来我和你的父亲是同道中人，”阳大哥一笑，就露出了一排整齐的白牙，“既然来了，也不能让你们空手而归，”说罢，他拿出了三个透明的小盒子，盒子里面分别装着一条漂亮的锦鲤，“来，你们一人一条，就当做答谢你们雪中送炭的礼物了。”

走在回家的路上，肖卓然有感而发：“‘迎风队’的划桨手们也太热情了，不但请我们吃烧烤，还送小礼物给我们，完全不把我们当外人。”

“尤其是阳大哥，”高晶晶一想起他就哭笑不得，“他竟然还要了我爸爸的联系方式，说改天要约我爸爸一起出去钓鱼。我想，我的老爸从今天开始又要多一个志同道合的‘鱼友’了。”

回到家的时候，时针已经指向了“7”的位置，见陈晓星手捧着一条鱼，陈妈妈好奇地问道：“这锦鲤的品相不错，是你挑的？”

“是水族馆的老板亲自给我挑选的，”随后，陈晓星把今天发生的趣事统统讲述给陈妈妈听，她道，“本想着看看赛龙舟，回家写一篇《观赛龙舟有感》，可没想到发生了这么多事情，正如书上写的——生活往往比小说更加精彩。”

陈妈妈边把锦鲤放入闲置的鱼缸里，边喃喃自语：“一条锦鲤，配上一盆吊兰，还真是令人赏心悦目。”

“吊兰？咱们家什么时候养吊兰了？”陈晓星诧异地左右看看，

还别说，在阳台的角落里，她还真发现了一盆不起眼的吊兰。

一提到这件事，陈妈妈禁不住笑出了声："这是你爸买来'陶冶情操'用的，我倒是要看看，他的'情操'会不会因此而提升。"

正在这时，刚刚忙完工作的陈爸爸从书房里走了出来。"绿色的植物会让人的心情变得愉悦，心情好了，压力自然就不见了，这是小孩子都懂的道理，"说罢，陈爸爸看向陈晓星，"我说的没错吧？"

"这……"陈晓星歪着头想了想，"绿色的植物会让人的心情变得愉悦，这一点我承认；心情愉悦会适当减轻压力，这一点我也承认；但是减轻压力和情操之间有什么必然的联系，我就不知道了……"

阳大哥有话要说

苦中作乐的人生哲理

人生不如意之事十之八九，生活在纷扰的社会中，每个人都会有不同程度的烦恼和压力，因为心态和处理问题的方式不同，同一件事发生在不同人的身上，就会产生不同的结果，所以，想要比他人过得更好，良好的心态是达成目标的必要因素。

要善于在平凡的生活中发现乐趣，很多时候，一条小小的锦鲤，一盆不起眼的吊兰，都会给生活带来新鲜和乐趣，所以，不要总是抱怨人生的乏味，这个世界上不是缺少美，而是缺少发现美的眼睛。

学会苦中作乐，乐观积极地面对每一天，即使在逆境中，也要不断地安慰自己，调整心态，相信你的乐观会为生活注入无限的可能性，从而让自己快速地从压力和烦恼中抽离出来。

智慧锦囊：人生在世，要学会苦中作乐，自己寻开心。

多运动，让身体变得更加强壮

陈妈妈除了是公认的“美食家”，还是一个彻头彻尾的购物迷，前些日子还因为买到了不合适的衣服而赌气说再也不随便网购了，现在又以“商品种类多，物美又价廉”为理由每天收快递。

这不，就在隔日的上午，陈妈妈又接到了快递员打来的电话，挂掉电话后，她便指挥在家休息的陈晓星和陈爸爸下楼帮助快递员抬快递，一听到“抬”这个字，陈晓星忽然有了一种不好的预感，她边披上外套，边猜测道：“妈妈，前些日子你嘀咕着想要买一台跑步机，你该不会是真买了吧？”

正如陈晓星所言，楼梯口，一个庞大的纸箱上印着“跑步机”的字样，与此同时，快递员气喘吁吁地道：“我送快递已经快三年多了，还是第一次遇见有人买跑步机，这么重的东西，即使我想帮你们送到五楼，也是心有余而力不足啊！”

于是，好好的休息日变成了“灾难日”，为了完成陈妈妈的“减肥”计划，父女俩一大一小使出了吃奶的劲儿，一前一后帮着快递员一口气把跑步机抬到了五楼，陈晓星瘫坐在沙发上，喘着粗气道：“妈，你要是不坚持用跑步机跑步，就太对不起辛辛苦苦把跑步机抬上五楼的我和我爸了。”

“这次我是下定决心要减肥了，”陈妈妈认真地道，“为了减肥成功，我特地制订了‘运动计划’和‘饮食计划’，只要少吃多运动，我一定可以‘战胜肥肉’！”

“依我看，即使你再减二十斤，也没有办法把衣服穿出模特的效果，何必为难自己呢？”陈爸爸直言不讳，“你还是面对现实吧。”

对此，陈晓星持相反的看法，她慢条斯理地道：“爸，如果这么想就错了，妈妈的目的虽然是减肥，但是如果可以通过运动的方式，锻炼自己的体魄，让身体变得更健康，也不是什么坏事。”

“还是我的女儿了解我，”陈妈妈露出了得意的笑，“运动可以瘦身，同时也可以让身体变得更加健康，电视上说了，有规律的运动不仅可以消除压力，还可以降低高血压、骨质疏松等疾病的发病率呢！”

没错，无论生活在什么时代，健康都是永恒的话题，如果没有健康，即使你再优秀、再天赋异禀，也很难充分发挥自身的价值。作为一名青少年也是如此，要学会通过运动的方式强身健体，在最大程度上获得身心的愉悦。

说到运动，陈妈妈对着陈晓星道：“你最近不是在研究排解压力的方法吗？我认为运动也是排解压力的方法之一，运动可以调节人体紧张的情绪，可以快速地让人精力充沛，压力自然也就消失了。”

“相关的资料我也调查了很多，”陈晓星认同地说，“资料上显示说，运动不仅可以排解压力，还有安神的效果，同时，也有利于人体骨骼和肌肉的生长，改善人的呼吸系统、血液循环系统、消化系统等结构的机能构造，还能……还能……”

见陈晓星“卡壳了”，陈妈妈心有灵犀地补充道；“还可以提高人的免疫力，提高人的适应力，你是想说这些吧？”

“对！对！对！”陈晓星嬉笑着道，“最了解妈妈的人是我，最了解我的人也是妈妈，我们不愧为‘最佳拍档’！”说罢，这对母女还击了掌，好似她们不是一对母女，而是一对姐妹。

见两个人一唱一和，很少参与体育运动的陈爸爸也动了心，他低头看看自己的大肚腩，打趣地说道：“看来，我也要加入运动的行列了，都说‘宰相肚里能撑船’，你们看我的肚子，估计也可以称得上是‘半个宰相’了。”

一家三口爽朗的笑声在这宁静的夜晚里显得分外美好，相信从此时此刻起，渐渐爱上运动的一家人，一定会变得更加和谐，更加健康。

陈妈妈有话要说

健康是永恒的主题

美国学者巴芬·勃格尔曾研究过运动和死亡率之间的关系，研究表明，常常参与运动锻炼的人，死亡率比从不参加运动锻炼的人低 30%至 50%，可见，运动对于人体的健康来说，有着极其关键的作用。

比如美国前总统里根，他就是一个不折不扣的运动爱好者，他不仅喜欢棒球和足球，还曾经担任过游泳教练和救生员；法国前总统德斯坦也是一个滑雪爱好者，并且在滑雪锦标赛中获得过很好的成绩。

可是现在很多人并不注重运动，他们以“忙”和“累”为借口，让自己的身体处于懒散的状态，殊不知在日积月累下，抵抗力的下降会让各种疾病找上门来，身体出现了状况，心也会跟着憔悴。

要知道，生命在于运动，运动是获得健康的捷径，有规律的运动不仅可以提高免疫力，延缓衰老，还能排解自身的压力，让心情变得愉悦，当然，运动也要定时定量，要根据自身的状况进行调整，如果盲目地做不适合自己的运动，恐怕会适得其反。

处于成长阶段的青少年，更应该注重自身的体育锻炼，让运动充实自己的生活，你会发现，运动会让你变得更加自信，也会让你的生活变得更有品质。因此，养成良好的运动习惯吧！在运动中逐渐成长，让健康伴你同行。

智慧锦囊：生命在于运动。有规律的运动有利于排解压力，也会让你获得健康。

周末了，和好朋友一起郊游吧！

夏季是户外运动的好季节，趁着难得的周末，到山间小路上游山玩水，可是人生一大美事。陈晓星是一个闲不住的人，这不，一大清早，她就骑着新买的自行车，约高晶晶一起开始了令人期待的旅行。

离街市不远的郊外，有一个人迹罕至的小山谷，那是一个空气清新，会让人感觉时间放慢了脚步的好地方，同时，也是陈晓星和高晶晶此行的目的地。途中，她们经过了一片辽阔的田野，在那里，两个熟悉的身影引起了她们的注意……

陈晓星刹住车，对着高晶晶道："你看！前面那两个人是不是揭泽陆和肖卓然？"

"好像真的是肖卓然和揭泽陆，"高晶晶定睛一看，"他们在那里做什么？"

与此同时，在路边小憩的肖卓然和揭泽陆也发现了这两位不速之客，揭泽陆大口吃掉手中的饭团，咂着嘴站起身："真是太巧了，难道你们也是要去山谷里捕小鱼？"

"你们也是？"陈晓星看到他们的水桶里不但有鱼抄、鱼饵和鱼护，还有一个伸缩鱼竿时，禁不住道，"天啊！你们竟然准备得这么齐全，难道你们的爸爸和高晶晶的爸爸一样，都是钓鱼爱好者吗？"

揭泽陆听后无奈地挠挠头："我的爸爸很喜欢钓鱼，所以在出门之前，特地为我准备了这些东西，最夸张的是，他竟然还给我准备了新鲜的蚯蚓，还和我说了一大堆垂钓的经验。"

"你爸爸真是有趣，在小溪里捞小鱼，怎么可能会用得上专业的渔具呢？"随后，肖卓然看向陈晓星和高晶晶车筐里的水桶，"你们难道没有准备鱼饵吗？只有两个鱼抄，怎么能捕到鱼呢？"

"我们有面包屑，"高晶晶拍了拍自己的口袋，心想：还好自己有先见之明，把早上没有吃完的面包顺手揣在了口袋里。

“面包屑？”揭泽陆半信半疑,“面包屑能够帮助你们捕到小鱼吗？”

“当然，”陈晓星耸耸肩，“不管白猫黑猫，能抓得住耗子的就是好猫。不管是面包屑还是蚯蚓，能捕得到小鱼的才算是真有用。”说到这儿，陈晓星灵机一动，“不然我们分成两组来一个捕鱼大赛吧，规定一个时间，比一比谁捕到的鱼多，怎么样？”

“我看行,”肖卓然自信满满地看向揭泽陆,“这场比赛,我们赢定了。”

就这样,四个意气风发的少年一路欢声笑语,来到了他们心中的“世外桃源”……

繁华尽处，幽静而又深远，郁郁苍苍的参天古树与蓝天白云交相辉映,形成了一幅不用任何修饰就足以震撼人心的画卷。沿着石阶往下走,一条小溪宛如银色的缎带，阳光洒落在上面，闪烁起粼粼的波光。

“哇！这里真像是一幅画……”高晶晶还是第一次看到如此原生态的大自然景色，她目不转睛地看着周围的一切，恨不得用眼睛把所有的美好深深刻在脑子里。

这时，陈晓星冲着高晶晶招了招手：“喂！快过来，这有好多鱼！”

“来了！”高晶晶边回应，边小心翼翼地走下台阶，右手边，清澈的溪水中,几条如不仔细瞧,很容易被忽视的小鱼正在自由自在地游动,高晶晶急忙拿起鱼抄，猛地朝着小鱼捞去，可是受到惊吓的小鱼四处逃窜，一眨眼的工夫就没了踪影。

“看来捕鱼没有想象中的那么简单，”陈晓星想了想，“不如我们直接把面包屑撒入水中，等着它们自投罗网吧！”

说干就干！高晶晶把口袋中的面包碾成了碎末，将其撒入了溪水中，另一边，陈晓星将鱼抄浸入水中，停在了面包屑的正下方，只是这些小鱼比她们想的要机灵得多，即使有面包屑作为诱饵，陈晓星也没有办法顺利地将它们捕获。

说时迟，那时快，距离他们不远的揭泽陆兴奋地大喊：“我抓到了，我抓到了！”他迫不及待地转过身，站在石头上炫耀，“你们看，我们捕到了一条鱼！”只是他没有预料到，身体的摆动导致他脚下的石块一晃，一个重心不稳，他一屁股摔到了地面上，最糟糕的是，他手里拎着的水桶掉入了水中，那条小鱼借此时机逃回了溪流中。

“哈哈哈……”陈晓星忍不住捧腹大笑，“揭泽陆，你是猴子派来的救兵吗？你也太逗了！”就在陈晓星说话的间隙，一直专心致志地等着鱼儿掉入陷阱的高晶晶猛地捞起鱼抄，为女生队获得了宝贵的一分。

高晶晶的好彩头似乎带来了好运气，不到五分钟的时间，女生队势如破竹，接二连三地捕到了四条小鱼，倍感压力的肖卓然和揭泽陆也没有气馁，他们用蚯蚓作为鱼饵，终于功夫不负有心人，捕捉到了一条拇指大小的小鱼，为男生队扳回了一分。

正午，阳光透过树枝在地上形成了自然的剪影，几只黄鹂飞过，留下了一串串悦耳的鸣叫声，此时此刻，四个小伙伴在树荫下坐成一排，各自分享最终的成果，只是结果往往总是那么出乎意料，竞争了半天他们竟然以 45 比 45 的成绩打成了平手。

揭泽陆叹了一口气：“哎，如果不是我粗心大意，我们男生队就会以一分之差赢得比赛，这次算你们运气好。”

“不是我们运气好，而是你太轻敌了，”陈晓星对着揭泽陆说，“如果不是你急着向我们炫耀，你怎么可能摔倒呢？”

“就是，”高晶晶附和道，“事实证明，我们女生队即便没有专业的设备，也照样可以和你们男生队打成平手，如果以此为评判标准，最终的胜利者是我们……”

嬉笑声在山谷中回荡，洋溢着青春的美好与生机。只是天公不作美，前一秒还明媚的阳光，在不经意的时候，躲到云朵后面了。

雾蒙蒙的一片让揭泽陆大喊一声：“不好！这是下雨的前兆！”

突如其来的恶劣天气打乱了所有的计划，见此地不宜久留，陈晓星站起身，拎起了水桶：“快！我们快点把小鱼放生！我知道前面有一个可以避雨的地方，以防万一，我们最好快点离开这里。”

事不宜迟，大家手忙脚乱地收拾好了随身携带的物品，在第一时间踩上了自行车，与此同时，呼啸的风夹带着淅淅沥沥的小雨，无情地拍打在了他们的脸上，好在有惊无险，在狂风暴雨来临之前，他们率先抵达了避雨亭，躲过了被大雨淋湿。

难得的郊游泡了汤，这原本是一件非常扫兴的事情，可这场雨的不请自来非但没有煞风景，反而让小伙伴们大饱了眼福——雨滴滴落在蜿蜒的小路上，溅起了层层雾霭，若隐若现的山峦像极了海市蜃楼，让周遭的一切变得宛如仙境……

坐在避雨亭里边赏雨，边畅谈人生，对于四个小伙伴们来说，是一辈子难以忘却的经历。他们还不会忘记，雨后的天气分外晴朗，处处都充斥着青草的香气，还有在山的那头，在那片深深浅浅的绿意中，彩虹的光芒点燃了他们的青春，绽放了更加绚丽的光芒……

陈晓星有话要说

让大自然洗涤心中的烦恼

美丽的大自然是一本无字的书，无须简介，就足以让人们沉迷其中。千奇百怪的山峦，不知流向何处的溪水，悦耳动听的鸟鸣声，郁郁葱葱的树林……一切的一切都透着灵性，有着数不清的乐趣。在亲近大自然的同时，还有几个需要注意的事项，希望大家牢记在心。

1. 准备工作。做好郊游前的准备工作，并根据目的地有计划地选择所需的物品，必要的情况下，可以查阅相关资料，做郊游笔记。

2. 遵守时间。如团队郊游，切记要准时、守约，不要因为个人情况影响整个团队的计划，如果有特殊情况，要提前告知。

3. 爱护环境。大自然带给人们美的享受，同时，人们也要学会爱护大自然，随身携带垃圾袋，不随地吐痰，不破坏植被，绿色出行，文明大家。

4. 彼此照顾。郊游中，难免会出现大大小小的意外，如果你有能力，就伸出援助之手吧！要知道，旅途中不仅有美景，小伙伴们的陪伴，也是美好的回忆。

5. 勇敢坚强。户外运动虽然有趣，但同时也要付出精力和体力，如感到疲惫，不要中途放弃，咬着牙坚持，相信更远的地方，风景会更加秀丽。

在忙碌的学习、生活中，不要忘记适时地到山水之间体验一下生活的乐趣，卸下心中所有的负担与压力，给心灵一个假期，只要你肯用心与大自然亲密接触，相信大自然会洗涤你所有的烦恼，它会用广阔的胸怀拥抱你，抚慰你受伤的心灵，并悄悄告诉你：生活比想象中更美好。

智慧锦囊：享受大自然的美好时光，把压力和烦恼忘光光！

知足常乐，才是人生赢家

“碧云天，黄叶地，秋色连波，波上寒烟翠。山映斜阳天接水，芳草无情，更在斜阳外。

“黯乡魂，追旅思，夜夜除非，好梦留人睡。明月楼高休独倚，酒入愁肠，化作相思泪……”

在回程中，闲来无事的四个小伙伴边骑着自行车，边一同吟着这一学期语文课本里范仲淹的《苏幕遮》，陈晓星有感而发：“你们看，此情此景，和词中的美丽景色不分轩轾，让人心旷神怡。”

“我看应该是‘碧云天，绿叶地，夏色满谷’才对，”揭泽陆打趣道，“作者范仲淹描写的是秋季，而我们现在是夏季，怎么能相提并论？”

正在陈晓星和揭泽陆乐此不疲地争论着“秋季”和“夏季”时，肖卓然猛地刹住了车，他迟疑地起身，指着不远处的草丛，故作镇定地道：“喂！你们快来看，那里好像躺着一个人！”

顺着肖卓然手指的方向，在一片浅草地中，一个头戴针线帽，身穿破旧外套的拾荒老人躺在那里纹丝不动，他紧闭着眼睛，任凭风把他的花白长发吹起，胆小的高晶晶躲在了陈晓星的身后，害怕地说：“老爷爷……老爷爷该不会是被刚刚的雷击中，晕过去了吧……”

“应该不会，老爷爷的周围并没有任何被雷击过的痕迹，”揭泽陆边说，边缓步凑上前，俯下身子，小心翼翼地推了推拾荒老人的胳膊，

“老爷爷？老爷爷您没事吧？”

似乎是很不满意揭泽陆的打扰，老爷爷先是皱了皱眉，接着睁开了眼睛，见吵醒他的是一位小朋友，便开口问道：“小朋友，你找我有什么事？”

“您没事就好，”揭泽陆拍了拍因为紧张而加快了跳动频率的小心脏，“刚刚看到您躺在这儿，我们担心，还以为您……”

“别瞧我的样子邋里邋遢，其实我的身体比谁都要硬朗，我躺在这里，只是想晒晒太阳，睡一个暖和的下午觉，”说罢，拾荒老人坐起身，伸了一个懒腰，“你们在这里做什么？这是要到哪里去？”

肖卓然一五一十地回答：“我们到这里来郊游，现在正在往家的方向走。”

“你们和我年轻的时候一样，喜欢自由，喜欢四处游历，”拾荒老人说罢，看向放在肖卓然背包旁的空水瓶，“小朋友，你的空瓶子可以给我吗？”

“当然可以。”肖卓然边说边把水瓶取了下来，与此同时，陈晓星和高晶晶也把车筐里的水瓶递给了拾荒老人，“这些也给您。”

“谢谢，谢谢！”拾荒老人的脸上露出了笑容，“有了这几个瓶子，今天晚上我就能买一包榨菜了。”

“一包榨菜就能让您如此开心？”揭泽陆禁不住问道，“哪有晚上只吃榨菜的，多单一啊……”

“如果可以的话，我再倒上一壶小酒，有酒，有菜，有月光，简直是人生一大快事……”拾荒老人说罢，满足地深吸一口气，“你们瞧，雨后的空气多清新。”

陈晓星也跟着深吸一口气：“和街市相比，这里确实会让人有一种时间放慢了脚步的错觉，”说罢，她看向拾荒老人，“老爷爷，您真是容易满足，怪不得您看上去好像没有烦恼一样。”

“我这叫知足常乐，”拾荒老人站起身，收起了垫在身下的废纸壳，“人啊，就要懂得知足常乐，知足者贫穷亦乐，不知足者富贵亦忧，在我看来，和整日愁眉苦脸的人相比，我是富有的……”

拾荒老人留下了这句话后，一瘸一拐地消失在无边无际的田野里，此时，天与地连成一片，微风拂过，带来缕缕清香……

听拾荒老人讲故事

知足者贫穷亦乐，不知足者富贵亦忧

很久从前，县城里住着一位非常富有的大财主，可即使他每天吃的是山珍海味，穿的是绫罗绸缎，也从来没有感觉到快乐。他的邻居是一个不起眼的理发师，和大财主相比，他简直可以用穷困潦倒来形容，他吃了上顿没下顿，穿了几年的衣服上满是补丁，可是他似乎不知道什么是烦恼，整日欢声笑语，生活得十分潇洒。

这一天，财主叫来了他的管家，问他："我真不明白，隔壁的理发师整日食不果腹，衣不蔽体，三十多岁了还没有妻儿，他每天高兴些什么呢？"管家回答："主人，那是因为他知足，知足使得他常乐。"财主又问："那如何才能让他不知足呢？他的歌声吵得我睡不着觉，我希望他不要再唱歌了。"管家想了想道："这件事情简单，只要你肯给他十两银子，我想，他就不会再唱歌了。"

财主听信了管家的话，于是让管家在第二天找到了理发师，给了他十两银子。管家对他说："我们家主人宅心仁厚，念在多年邻居的情谊上，给你十两银子做生意，还希望你以后成家立业，不要忘了我家主人的恩情。"理发师惊喜连连，整天想着如何利用这笔钱，可是想来想去，也没有一个完美的计划，烦恼找上门来，从那天开始，他再也没有唱过歌了。

知足者贫穷亦乐，不知足者富贵亦忧。财主因为不知足，所以他感觉不到快乐，而懂得知足常乐的理发师即使生活困难，也过得有滋有味，后来，贪婪让理发师忘记了知足，他最终再也没有办法快乐起来了。

智慧锦囊：学会用知足常乐的心态看待问题，你会发现快乐就在不远的地方等你。

第六章

笑一笑，眼前的压力不过如此

压力，源自你的内心

经历了这么多的风风雨雨，高晶晶终于明白了压力其实源自一个人的内心，压力不会不请自来，也不会说走就走，只有调整自己的心态，勇敢接受所有的不完美，才会战胜压力。为此，高晶晶专程写了一篇小小的议论文——《压力，源自你的内心》，趁着午休时间，把它分享给了陈晓星。

压力，源自你的内心

在变化要比计划快的年代，压力让人苦不堪言。只是压力这东西看不见也摸不着，它看似无处不在，但实际上只存在于人们的内心，所以，想要彻底地战胜压力，就要从强大内心开始做起。

对自己有一个清晰的定位，不要小瞧自己，也不能过于高估自己，给自己设定合适的目标，学会去摘“够得到的苹果”，并采用“累计上台阶”的方式获得进步，长此以往，小小的进步会减轻你的压力，让你重拾信心。

很多人感觉到有压力，是因为觉得自己一事无成。要相信，人人都有自己的闪光点，要学会主动寻找自身的价值。研究证明，做自己擅长的事、喜欢的事，往往能够更好地发挥个人能力，获得成功。

与此同时，要学会释放自己的压力，不要总是把压力堆积在心里，否则压力就会像滚雪球一样越滚越大，当内心承载不了巨大的压力时，人会因为负能量的积累，影响自己的情绪，最终影响到做事的效率。

不要把压力当做敌人，要认同它的存在，和它和平相处，其实

有点儿压力不是坏事，它可以激励你前进，能更好地鞭策你，所以，压力并不可怕，只要用正向的心去接纳它，它会给你带来意想不到的收获。

简而言之，请勇敢面对压力吧！把压力当做你的良师益友，接受它的存在，并与它并肩作战，相信它会协助你，让你的小宇宙在黑夜中发光发热，绽放出属于自己的光彩。

“如不是你亲口告诉我这篇文章是你写的，恐怕我还以为你是在哪个报刊上摘抄的呢！” 陈晓星发自内心地称赞，“看来，你对压力这两个字理解得很透彻。”

“这都是你们的功劳，”高晶晶莞尔一笑，随后，她从书包中拿出了一个日记本，递给了陈晓星，“你看，这是我以前写的日记，和现在写的日记相比，完全像是两个人写的。”

陈晓星随意地翻开其中的一页，默念出声：“我真的怀疑上天有意在和我作对，为什么即使我再努力地背诵古诗，也没有在早上的语文小考中获得满分？而有些同学临阵磨枪，却没有任何失误？看来，今天又是难熬的一天……”

“喀喀……”难为情的高晶晶假装咳嗽了两声打断了陈晓星的话语，“以前的我被压力困扰，所以在日记里总是抱怨连连，现在看来，那时候的自己真幼稚，自怨自艾能够解决问题吗？依我看，它不但不会解决问题，还会让问题放大化。”

“你说得对，压力源自自己的内心，如果不能正确地面对压力，就会把压力无限放大，”陈晓星道，“好在功夫不负有心人，现在的你已经知道了如何面对压力，我想从今天开始，你一定会变得越来越快乐的。”

陈晓星的话音刚落，高晶晶就做出了一个大胆的举动，她翻开日记本，猛地撕了下去，刹那间，写满了日记的本子被撕成了两半，高晶晶道：“这些就是装在我心里的压力，从今天开始，我要彻底地战胜它们！”

高晶晶有话要说

给疲惫的自己放一个假

教室里，一位老师端起一杯水，对着同学们道：“这杯水只有250毫升，请问，你们可以将这杯水端多久呢？”对此，很多同学觉得此事小菜一碟，其中一个同学道：“才250毫升，即使拿多久我都不会累！”老师听后，摇了摇头说：“或许你们会认为250毫升水质量很小，但如果将这杯水端在手中一个小时，恐怕没有几个人能坚持，不是吗？”

没错，水杯里的水就好比压力，很多时候，看似无形的压力，会通过时间的累积变得越来越难以承受，在这时，要学会放下手中的这杯水，只有这样，才会获得身心的愉悦，承担更大的责任。

智慧锦囊：和压力做朋友，它会让你的小宇宙发光发热。

多笑一笑，烦恼的乌云就不见了

肖卓然生日的那天，他特地邀请陈晓星、高晶晶、时晚晚和揭泽陆一同来参加他的生日派对，这不，趁着时间还早，陈晓星约高晶晶一起，到商场里为“小寿星”肖卓然挑选生日礼物。

高晶晶有“选择障碍”，面对商场里琳琅满目的小商品，一时之间不知从何下手，她凑到了陈晓星的面前，一脸为难地道：“晓星，你替我挑选一件礼物吧，我真的毫无头绪。”

“那可不行，”陈晓星边说边拿起手边的铁丝工艺品，上下打量，“选礼物要用心，收到礼物的人才会感觉到开心，如果我代替你选择礼物，收礼物的人也不会开心的。”

陈晓星说得在理，让高晶晶瞬间意识到了自己的唐突，随后，她问在身后整理货柜的销售员："您好，请问一下，学习用品在哪边？"

只是销售员并没有理会高晶晶，他自顾自地理着货，把高晶晶视如空气，急性子的陈晓星皱起了眉头，她上前一步道："难道你没有听到我的朋友在和你说话吗？"

"说话？刚刚有人和我说话吗？"这时，销售员才转过头，他的脸上满是诧异，模样看起来不像是在说谎。

高晶晶再次问："不好意思，我只是想问一下学习用品在哪边？"说到这儿，高晶晶顿了顿，"您……您为什么把所有的杯子都倒过来放呢？"

"倒过来？怎么可能……"销售员边笑，边转过头看，不看不知道，一看吓一跳，还真别说，眼前的货架上，经过他手的所有水杯，都是倒立着摆放的，只是对此，他自己竟然一无所知，"这是怎么回事？我怎么会犯这么低级的错误？"

"我看你是心不在焉，没把心思放在工作上吧，"陈晓星一语点破，"不但把货物整理得乱七八糟，还没有听到客人的询问，如果被老板看到，你一定会挨批评的。"

听到这儿，销售员叹了口气："你们有所不知，最近我的压力很大，如果我的业绩提不上去，恐怕我就要被'炒鱿鱼'了。"

"怪不得你心不在焉了，原来你是有心事，"高晶晶道，"可现在是上班时间，你应该打起精神好好工作，不然怎么提高自己的业绩，给老板展示你的实力呢？"

看到年轻的销售员一脸的挫败，陈晓星禁不住安慰道："压力这个东西无处不在，它既然来到了你的身边，就不会主动离开，"说罢，她转移了话题，"你知道德摩斯梯尼吗？"

销售员想了想道："不……不知道。"

"德摩斯梯尼是著名演说家，"高晶晶接话道，"他从小就患有严重的口吃，所以周围的小朋友常常嘲笑他，即使周围不友善的目光给了他很大的压力，他也依旧没有放弃，每天早上，都会含着石子练习发音、说话，经过日复一日的努力，他成了著名的演说家。”高晶晶一口气讲述了关于德摩斯梯尼的故事，随后问陈晓星，“晓星，你是想要告诉这位叔叔，即使在生活中感到有压力，也不要放弃生活，对吗？”

“知我者高晶晶也，我想表达的就是这个道理，”陈晓星滔滔不绝地说，“谁都有压力，就连我们学生也有压力，可是压力有什么可怕的呢？面对压力时，对着镜子微笑，又是崭新的一天，不是吗？”

“对着镜子微笑？”销售员边嘀咕，边拿起货架上的小镜子，镜子里的他邋里邋遢，头发也是乱糟糟的，三十岁不到的年纪，穿着打扮毫无生气，没有一点儿活力。

“你应该这个样子……”陈晓星说罢，自作主张地把自己的鸭舌帽扣到了销售员的头上，高晶晶也把自己的红色围巾系在了他的脖子上，虽然有些不伦不类，但销售员看上去确实青春了不少。

见销售员愣在原地，陈晓星道：“你不要总是露出一副苦瓜脸，想想看，如果你一直闷闷不乐，谁会选择你推荐的东西，你又怎么能提高业绩呢？所以，你要学会用微笑面对客人，用微笑面对自己的困境，只有这样，才能让事业更上一层楼，人也会变得开心起来。”

陈晓星说得没错，微笑具有魔力，它会让贫穷的人变得富有，让陷入困境的人在绝处逢生，它会让一个人更加积极、乐观、勇敢地面对生活中的一切，最终乘风破浪，抵达梦想的彼岸。

陈晓星有话要说

笑看人生几多愁

人生在世，每一个人都希望可以快快乐乐地度过每一天，可是，不期而遇的困难和挑战总会吞噬一个人的快乐，让人感到忧心忡忡。只是很多人不明白一个道理——人生好比一场游戏，艰苦也好，困难也好，最终的目的，就是要快乐地战胜所有的难题。

要像玩游戏一样，用愉快的心态寻找快乐，不畏艰难，不畏挑战，即使对手再强大，也要瞧得起自己，要相信，没有什么是你不可以的，只要你不放弃，总有一天你会得到想要的一切。

把眼前的挫折当成游戏中的大Boss，放松心态，卸下压力，只有全身心地投入战斗中，才能在“游戏”中体会到战胜挫折的快乐，正如一句老话——人生欢喜多少事，笑看天下几多愁。

智慧锦囊：笑看人生百态，没有任何事情，可以阻挡你前进的脚步。

无论何时都不要忘记，快乐才是最重要的

陈晓星和高晶晶的安慰让销售员感受到了一丝温暖，与此同时，他也给了高晶晶很好的建议，他说：“送人礼物第一是要有新意，第二是实用。如果你不知道送什么东西，那可以送些对方需要的、感兴趣的、实用的东西，你想想看，他需要什么呢？”

“这……”高晶晶用手撑着下巴，“对于学生来说，最实用的还是学习用品吧，”说罢，她看向陈晓星，“你知道肖卓然平时喜欢什么吗？”

“他喜欢上体育课，喜欢看漫画，喜欢吃零食，还有……还有什么我就不知道了。”陈晓星回答道。

高晶晶想了想：“总不能送他一双球鞋或是运动服吧？送漫画书和零食也不太合适，”高晶晶叹了口气，“看来，这还真是一个难题……”

忽然间，陈晓星想到了肖卓然在前些日子嘀咕着想要买一个新的笔袋，于是便脱口而出：“如果没有合适的东西，你就送一个笔袋吧，他的笔袋拉链坏了，修也修不好了，我觉得他现在最需要的就是一个笔袋。”

“这是一个好主意，送对方最需要的东西，往往比送那些华而不实的东西更合适，”销售员说罢，指向前方不远的位置，“我们店的

笔袋都在那里，你可以选择一个喜欢的，我可以帮你们做免费的包装。”

“真是太好了！”高晶晶终于解决了心头大事，很快，她就选择了一款印有“钢铁侠”图样的笔袋，笔袋大小适中，里外共有四个口袋，整体设计既简洁又使用，随后，高晶晶问陈晓星，“你呢？你想好送肖卓然什么礼物了吗？”

“还没。”陈晓星边说边拿起手边的明信片，明信片上印着一望无际的大海，几艘白帆点缀其中，看上去有几分诗意。

高晶晶倒吸了一口凉气：“你……你该不是要送一张明信片吧？”

“明信片有什么不好？”陈晓星反问道，“这也是一份富有新意的礼物，”说罢，她把明信片交给销售员，“我选好了，就是它！”

按照约定的时间，高晶晶和陈晓星来到了肖卓然家，此时，早早等在肖卓然家的揭泽陆一脸委屈地道：“你们总算是来了，肖卓然说了，人没到齐，不可以吃蛋糕，我为了等你们，已经饿得前胸贴后背了！”

说话的期间，陈晓星左右看了看：“咦？时晚晚还没有到吗？”

“时晚晚打电话说，会稍微晚一会儿到，”肖卓然边说边把准备好的新拖鞋递给了高晶晶和陈晓星，“里面请，随便坐。”

“什么？时晚晚要等会儿才能到？”

揭泽陆瞬间瘫坐在沙发上，他夸张的动作惹得高晶晶哈哈大笑：“今天是给肖卓然过生日，不是来吃蛋糕的，”说罢，她从书包中拿出了精心挑选的礼物，“这个送给你，祝你生日快乐，越长越高。”

“既然高晶晶祝你越长越高，那我就祝你长点肉吧！”陈晓星打趣道，“我没有什么特别的礼物送给你，这是一张明信片，里面写着我的祝福，希望你会喜欢。”

陈晓星不知道，肖卓然很喜欢大海，尤其是大海与蓝天交织的模样，仿佛蓝天就是大海的容颜，大海是蓝天的剪影。出于好奇，肖卓然急不可耐地打开了这张明信片，明信片中写道：“无论何时都不要忘记，快乐才是最重要的。”

没错，在任何时候，都不要忘记快乐才是人生的真谛。不知道大家有没有算过一笔账，人的一生看起来漫长，但除去年少时的懵懂，除去年迈后的力不从心，人生只剩下 45 年左右的光景，其中有三分之一的时间要用来睡觉，算来算去，人们可以自由支配的时间只有10000天。

对于时间的长河来说，10000天是多么的短暂，可就在这难能可贵的10000天中，很多人为了得到自己想要的东西不择手段，最终让自己失去得更多，还有很多人以忙碌为借口，从始至终把快乐抛在了一边，只是不知道满足的他们永远也体会不到什么是幸福。

为何要如此折磨自己呢？人们终其一生，难道只为了功名利禄吗？如果感觉不到快乐，即使获得了想要的一切，又有什么意义呢？就如同一个人花费了一生的时间到达山顶，却发现眼前的风景才是路途中原本的乐趣。

所以，无论在何时何地，都要做一个快乐的人，因为只要拥有了快乐，就等于拥有了一切。

陈晓星有话要说

让快乐常驻自己心中

戴尔·卡耐基曾经说过这样一句话：“快乐不仅是改变了处境就会得到的，快乐更多的是从身边的小事中获取的。所以，尽可能享受此时此刻的快乐吧！因为快乐不在于未来，而在于现在。”

想要获得快乐，最重要的还是自己的心态，就如同马克思，他即使遭遇了敌人的攻击和一次又一次的磨难，依旧积极乐观地对待每一天。作为一名青少年也应如此，不要因为生活和学习的压力而垂头丧气，要永远记住：快乐才是最重要的。

要知道，最值得回忆的不是悲伤的哭泣，而是爽朗的笑声。做一个在困难面前不低头，在失意面前也可以露出笑容的乐观少年，让快乐常驻自己的心中，陪你一起健康茁壮地成长。

智慧锦囊：只要拥有了快乐，就等于拥有了一切。

初心易得，始终难守

揭泽陆饿得肚子“咕噜咕噜”直叫，而肖卓然却执意要等时晚晚到达之后才切奶油水果蛋糕，好在十分钟过后，时晚晚终于来了，她从背包了拿出了一本崭新的画册，递给了肖卓然：“给！这是我为你‘量身定做’的礼物！”

收到了礼物的肖卓然固然开心，但是面对一本自己用不上的画册，他实在难和“量身定做”这四个字扯上关系，于是他问道：“你为什么想要送我一本画册呢？我虽然喜欢看漫画书，可是我画画的水平，和我三岁的小侄子差不多……”

时晚晚并没有回答肖卓然的问题，而是指了指他手中的画册，提示道：“你翻开看一下就知道了。”

这葫芦里面卖的什么药？肖卓然一边想，一边狐疑地打开了画册，映入眼帘的不是空白的画纸，而是一张用黑色签字笔勾勒出的图画，陈晓星凑上前一看，时晚晚画的是一个身穿西装，头戴礼帽的绅士，只是线条过于简洁，她没有办法看清这位绅士的脸。

“这、这是你画的？”肖卓然惊讶地看向时晚晚。

“是我画的，”时晚晚若无其事地耸耸肩，“怎么样，还喜欢吗？”

“当然喜欢了，”肖卓然点点头，“我一定会把这幅画珍藏好的！”

听肖卓然这样说，时晚晚禁不住哑然失笑：“你又误会了，我要送给你的不是这个画册，也不是一张画，而是一张设计图。”

“设计图？”肖卓然彻底糊涂了，他又翻开画册，仔仔细细地看了看，“这不就是一张画吗？一张很抽象的画。”

“其实，这是一张设计图纸，”时晚晚解释道，“我想送给你的，是设计图纸上的西装，那是我为你‘量身定做’的西装——窄领的剪裁、独特的垫肩、燕尾的设计……对我来说这一切都是最完美的搭配……”

见时晚晚陶醉于其中，听得云里雾里的肖卓然禁不住又道：“西装……你是说要送给我一套西装？”

“也可以这么理解，”时晚晚道，“只是现在还不是时候，我没有足够的时间和精力完成这项设计，我想等我有能力之后，亲自把它送给你，这也是我们之间的承诺。”说罢，时晚晚伸出小手指，“来，为了证明我的真诚，我们拉钩！”

“拉钩，上吊，一百年，不许变……”

随后，肖卓然道：“以前我不知道，原来你的梦想是当一名服装设计师。”

“以前想当服装设计师，现在想当服装设计师，以后我还是想当服装设计师，”一提到她的梦想，时晚晚就来了兴致，“人们总说‘初心易得，始终难守’，但无论如何，我都不会放弃我的梦想，我也相信只要努力，就一定可以成功。”

“我相信你一定可以成功，”高晶晶给时晚晚加油打气，“当你真正成了服装设计师，我一定会穿着你设计的服装，骄傲地告诉所有人，这是我的好朋友——大设计师时晚晚小姐设计的！”

“我也一定会穿上那套西装，去我想去的任何地方，”肖卓然道，“并且我和你一样相信，无论梦想多么遥远，只要有决心，就一定可以通过努力，离梦想越来越近。”

时晚晚有话要说◢

战胜压力，守住初心

“虽然我已经步入了老年生活，但如果回到过去，遇见童年时的我，我一定会告诉那时候的自己，要保持初心，坚持梦想，现在的你虽然渺小，但小小的躯体里却蕴含着巨大的能量，你要相信自己，未来的你可以有所成就。”

以上这段话，出自日本著名作家大江健三郎之口。在每个人的心中，都曾有初心，但是在追梦的过程中，最难守住的就是初心。很多人把梦想丢弃在来时的路上，到最后，忘记了自己为何而来，应向何处去。

要知道，梦想存在于你的心中，别人想偷也偷不走，除非你舍弃了它，它才会离你而去。所以，不要因为眼前小小的磨难选择放弃，成功虽然不易，但放弃了，就很难再找到最初的自己了。

学会在繁华的世界中忍受寂寞，抵挡诱惑，生命中最难的就是坚持，最珍贵的也是坚持。做一个战胜得了压力，守得住初心的少年吧！未来正在不远的地方闪闪发光，等着你勇敢前行！

智慧锦囊：只有战胜压力，才能守得住初心。

什么？快乐也可以制造？

所有的嘉宾都到齐了，肖卓然的生日宴会也宣布正式开始。为了营造愉快的气氛，肖卓然打开了电脑，挑选了几首轻柔的音乐加入了播放列表，只是揭泽陆却总是在音乐中隐隐约约地听到一些奇怪的声音……

趁着肖卓然还在卧室，揭泽陆把大家召集在了一起：“喂！难道你们没有听到奇怪的声音吗？”

“奇怪的声音……”陈晓星边呢喃，边皱起了眉头，“难道你也听到了？我还以为只有我一个人听到了呢……”

说罢，大家把视线移向了时晚晚和高晶晶，此时，胆子最小的高晶晶用双手抱住自己的身子，支支吾吾道：“其……其实，我也听到了，”她看向不远处紧锁的房间，“好像……好像有什么东西在那里……”

“会不会是小偷？”时晚晚说到这儿倒吸了一口凉气，“如果真的有小偷，那可就糟糕了……”

正在大家不知所措时，肖卓然从卧室里走了出来，揭泽陆立刻对肖卓然做了一个“嘘”的手势，示意他不要出声，他们的异样让蒙在鼓里的肖卓然禁不住问道：“发生了什么事？你们没事吧？”

“小点声！”陈晓星边说，边指了指紧闭的房门，“那里……那里有情况！”

有情况？肖卓然更加茫然了，他不顾大家的反对，走向房门旁，“你们说的是这里吗？”

“喂！你疯了！你快过来！”时晚晚压低了声音，提示道，“那里、那里可能有小偷！”

谁知，得知家里可能有小偷的肖卓然非但没有紧张，反而“扑哧”一声笑出了声来，随后，他猛地打开了房门的把手，令所有人都没有想到的是，一只非常可爱的小狗从门缝里钻了出来。

“你们说的小偷可能就是这个小家伙吧，”肖卓然亲昵地把小博美犬抱在了怀里，并对着它道，“叫你乖乖在箱子里睡觉，怎么又偷偷跑出来呢？”

“狗……狗？”揭泽陆傻眼了，他不敢相信，自己竟然被一只巴掌大的小狗吓得差点报了警，这真的是太糗了！

而此时，一直想要养一只小宠物的时晚晚先是“哇”了一声，紧接着按捺不住心中的欢喜，快步来到了肖卓然的身边：“好可爱的小狗，它叫什么名字？”

“它叫大壮，”肖卓然道，“因为它瘦瘦小小的，我们全家人都希望它可以长得壮壮的，所以给它起了这个名字。”

见事情并不是他们想的那样，陈晓星松了一口气，她凑上前道：“奇怪，我怎么没听说你养了宠物呢？”

“这是我的妈妈前几天送给我的生日礼物，”肖卓然解释道，“妈妈特地让它和我做伴，说养宠物可以减轻压力，让生活变得快乐。”

“你的妈妈真明智，”时晚晚一脸的羡慕，“我也和我的妈妈提过很多次我想要养宠物的事情，可是都被她无情地拒绝了，我想，如果有一只小小的宠物和我做伴，生活一定会变得不一样。”

“真的会变得不一样，”肖卓然脸上露出了一丝微笑，“自从大壮来到了我们家，我们家就多了很多的欢声笑语，原本我的爸爸并不喜欢小狗，可是现在也和我一样对大壮爱不释手，”说罢，肖卓然看向怀里的大壮道，“对吧？你就是制造快乐的大壮！”

此时此刻，大壮好像是听懂了肖卓然的话一样，冲着他“汪”了一声，它奶声奶气的模样也让高晶晶放下了心里的防备:“快乐还可以制造？我还是头一次听说。”

“快乐当然可以制造了，”陈晓星接话道，“我的妈妈可是制造快乐的行家，她时不时会买一些奇奇怪怪的东西回来，比如会‘跳舞的八哥’，不用风也能转动的风车，前些日子，还买了几个巴掌大的小西瓜，拿西瓜皮当花盆种向日葵，真是新颖又有趣。”

“照你这么说，我的爸爸也是一个喜欢制造快乐的人，”揭泽陆道，“你们听说过在家里度假的人吗？他竟然可以把沙发搬到阳台上，躺在沙发上晒太阳，还声称那是海南岛的阳光，我简直无法理解。”

“看来，你的爸爸也是一个有趣的人，”陈晓星笑着道，“和我的妈妈一样，都喜欢制造快乐。”

其实，在很多时候，快乐和悲伤只是一念之间，因为每一件事情，都有快乐和悲伤的一面，只是看人们做出了怎样的选择。举个例子来说，很多人羡慕他人可以一人之下万人之上，有权有势，实现自己的理想，但有没有想过另外一个问题呢？当一个人站在最高点上，就会成为舆论的对象，他的一举一动都暴露在光天化日之下，没有自由，甚至没有办法过正常人的生活。

事事都有两面，有好的一面，就会有坏的一面，所以，要学会找到生活中隐藏的乐趣，学会看到曾经看不到的幸福。当你敞开心扉，学会制造和接纳来自四面八方的爱时，快乐就会找上门来，成为你永远的朋友。

肖卓然有话要说

人生在世，要学会制造快乐

你为什么闷闷不乐？因为学习的压力、生活的困境，还是因为人际关系的不和谐？无论你因为什么不快乐，都要明白一个道理——烦恼不会自己离开，快乐也不会主动找上门来。

对此，美国学者以“如何赶走烦恼，制造快乐”为出发点，专门研究了几种有效的制造快乐的方法，希望这些方法可以给你的生活带来更多的欢声笑语。

一、自我暗示——今天是快乐的

俗话说得好：“即使天塌下来，也有高个子的人顶着。”人活着就要秉承着乐观的生活态度，尽可能地把烦恼抛在一边。当然，这件事情说起来简单，但做起来并没有那么容易，尤其是在日渐发达的今天，人的压力呈几何倍数增长，也正因为如此，人需要给心灵一个栖息地。

告诉自己，快乐也是一天，不快乐也是一天，为什么不暂时把压力放在一边，用积极乐观的心面对新的一天的呢？只要转变一下心态，世界就会变得不一样，快乐也会来到你的身边，与你并肩作战。

二、心存感恩——感激身边的每一个人

人世间之所以会温暖长存，那是因为人与人之间懂得相互理解、相互包容，当有一天你感觉到了孤独和不快乐，或许就是心与心之间的距离在渐渐疏远，最终身边的一切都无法变得和从前一样。

当你感觉到了恐慌，不妨静下心来好好地思考这几个问题——你懂得感恩吗？你是否很久没有对帮助过你的人说过感谢了？你是否还记得滴水之恩当涌泉相报？当回答都是否定时，你就要好好地反省一下自己——如果你不懂得感恩，无法让他人满足，又怎么会感觉到快乐的存在呢？

三、乐于助人——力所能及地帮助他人

助人为乐是中华民族的传统美德，就如同那句家喻户晓的老话——“助人是快乐之本”。正如力的作用是相互的一样，你帮助他人的同时，心理上的满足也会让自己感觉到心情愉悦。

所以，当他人有困难的时候，不妨根据自身的能力伸出援助之手，也可以根据自己的兴趣和爱好参与一些慈善活动，要懂得“施”比“受”更加重要的道理，相信你的善良与正义，一定会帮助你获得更多的快乐。

四、相信自己——你其实真的很优秀

很多人感觉不到快乐，最大的心理障碍就是认为自己一事无成、不被需要，其实，人人都有自身的优点和长处，无需羡慕任何人，你也是一道独特的风景，只是此时此刻，你的身上布满了尘埃，阻挡了你展现美的脚步。

尝试着把那个不自信的自己丢掉吧！学会用正向的角度思考问题、解决问题，要相信自己的能力，只要不断地努力，就可以做到最好，如果连自己都不相信自己，那么谁肯相信你呢？

总而言之，压力来自四面八方，让你猝不及防，而快乐也无处不在，只要你肯放开心胸，你的生活就会变得与众不同。

智慧锦囊：学会制造快乐，生活就会变得与众不同。

其实，你只是把结果用放大镜放大了

晴朗的天气、要好的朋友、美味的食物，这三者结合在一起，听上去似乎是一件奢侈的事情，而此时此刻，在肖卓然的家里，就上演着其乐融融的一幕。肖卓然从冰箱里拿出了奶油水果蛋糕，放在了桌子的正中间，早已经等不及的揭泽陆急忙插上了数字“14”的蜡烛，道：“你是我们这几个人中最后一个过14岁生日的，但也是最幸福的、生日聚会最热闹的，多说无益，请快快许下你的生日愿望吧！”

“祝你生日快乐，祝你生日快乐，祝你生日快乐，祝你生日快乐……”《生日快乐》歌奏响，在大家的哼唱中，肖卓然许下了愿望，随后，他睁开眼睛“呼”地吹灭了蜡烛，脸上洋溢起了幸福的笑意。

这时候，揭泽陆兴奋地大喊：“万岁！终于可以吃到肖卓然的妈妈亲手做的生日蛋糕了！”

没错，眼前这个两层的奶油水果蛋糕并不是从蛋糕店里买来的，而是在肖卓然生日的前一天，肖妈妈特地购买了原材料，辛辛苦苦做出来的，所以对于小伙伴们来说，这个奶油水果蛋糕非比寻常，有着重要的意义，可是谁都没有想到，一块小小的蛋糕，竟然会让高晶晶哭了起来……

事情的起因还是要从揭泽陆说起……在品尝蛋糕的时候，调皮的揭泽陆趁着肖卓然不注意，把奶油抹在了肖卓然的鼻头上，瞬间，肖卓然就变成了“白鼻子老人”，他一脸无奈的模样，引得大家禁不住想要效仿。

于是，好端端的生日派对变成了“恶搞派对”，大家嬉笑着，个个都尝试着把手上的奶油抹到肖卓然的脸上，即使肖卓然人高马大，但也对三四个人的“合作攻击”无可奈何，不大一会儿，他的脸就变成了小花猫，滑稽的样子逗得大家捧腹大笑。

这时，一直坐在沙发上看热闹的高晶晶见肖卓然放松警惕，便俯下身子小心翼翼地想要“偷袭”，可理想很丰满，现实很骨感，正在她想要出手将奶油摸到肖卓然的额头上时，一个不小心，她猛地摔倒在了地面上，与此同时，她手中的蛋糕“嗖”的一声划出了完美的抛物线，最终“啪”地落到了肖卓然的衣服上。

“啊！”猝不及防的肖卓然尖叫了一声，随后眼睁睁地看着蛋糕在他的上衣上停留了三秒钟后，掉到了裤子上。

“你……你没事吧？”见自己闯了大祸，高晶晶立刻赔礼道歉，“对不起，我不是有意的……”

“没事，人难免会摔倒，”肖卓然大度地道，“我只要换一件衣服就可以了。”

“我真的不是有意的，”高晶晶一直在嘀咕着这句话，看得出来，此时的她十分自责，“对不起，我让大家扫兴了……”

话音刚落，一滴眼泪从高晶晶的眼角流了下来，从来没有哄过女孩子的肖卓然急忙摆摆手，“我真的没事，你也不要太在意了，过生日，大家在玩的过程中开开心心才是最重要的，今天，每一个人都很开心，不是吗？”

“就是，就是，”揭泽陆急忙打圆场，“这没有什么大不了，大家开开心心才是最重要的。”说罢，他以速雷不及掩耳之势，又成功地把奶油抹在了肖卓然的脸上，肖卓然绝地反击，竟然一把抓住了掉在裤子上的蛋糕，抹在了揭泽陆的脸上，顿时，揭泽陆成了一个“白面男”，他欲哭无泪的样子让高晶晶破涕为笑。

没错，人的一生遇不到完美的事物，最终也无法收获一个完美的结果，但只要在过程中全力以赴，并感受到了快乐，那就不会留有遗憾，相反，如果凡事太看重结果，将永远也体会不到成功的喜悦。

肖卓然有话要说

过程往往比结果更加重要

曾有一场球赛很快就要结束了，这时，一位观众急匆匆地赶到赛场，他问其他的观众：“现在的比分是几比几？谁暂时领先？”“零比零，”其中一位观众回应道，“双方依旧是平手。”“那太好了！”这位观众脱下外套，坐到了座位上，“虽然我迟到了，可我还是没有错过比赛。”

这位观众真的没有错过比赛吗？恐怕他没有错过的只有零比零的结果，但真正精彩的对抗却被他错过了。生活也是如此，因为过于注重结果，所以错过的事情比比皆是，蓦然回首，只会遗憾终生。

人活一辈子，不能要求自己走的每一步都是无误的，只求自己走的每一步都无怨无悔。充实自己的人生，追求属于自己的目标与理想，只要找到了存在的价值，就会给人生画上完美的句号。

然而，体现一个人价值的绝非是结果，而是在前进的过程中，那一点一滴的努力和得与失之间的意义。学会为自己而活，用心体会人生旅途中的甜蜜与辛酸，无悔地笑对人生，人生也会对你露出善意的微笑。

智慧锦囊：人活一生，不要要求自己每走一步都是无误的，只求每走一步都无怨无悔。

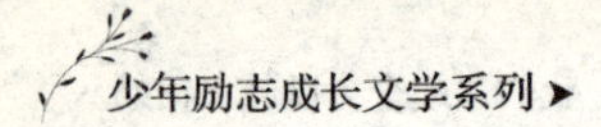

快乐的精灵就在眼前，要牢牢抓住它

人生中有欢笑，有意外，有惊喜，有哭泣。在青春的时光里，我们总是在失意后破涕为笑，在回忆中感伤流泪。生日宴会的最后，肖卓然发表了感言：“不瞒你们说，这是我从小到大度过的最快乐的一次生日，以往的生日，我几乎都一个人过，偶尔爸爸妈妈会给我庆祝，会给我买生日礼物，但是，我总是觉得缺点儿什么……”

听到这儿，揭泽陆岔开了话题：“开心就好，就不要想那些不开心的事情了！今天难得大家聚在一起，就是应该欢声笑语、载歌载舞，不然，大好的时光不都统统浪费了吗？”

“就是，”陈晓星打趣道，“肖卓然同学，你总是喜欢胡思乱想，平时你胡思乱想也就算了，今天是你的生日，我代表大家求求你，你就不要再和自己过不去了。”

“好，”肖卓然点点头，“今天是快乐的一天，就不说那些不开心的事情了，可是……”

“可是什么？”高晶晶察觉到肖卓然有些不对劲儿，“你是不是有什么话要对我们说，我怎么感觉你总是欲言又止呢？”

“其实……”肖卓然深吸一口气，“算了，不说了！”说罢，他举起水杯，“来，我们干杯！”

陈晓星将饮料一饮而尽，随后和高晶晶对视了一眼，把视线重新移向了肖卓然：“肖卓然，你该不会真的有什么话想对我们说吧？”

“我怕扫了大家的兴致，可是有件事情我不得不告诉大家……”不知是哪里来的勇气，肖卓然终于把一直埋藏在心里的秘密说了出来，“其实，我马上就要转学了……”

“什么？”揭泽陆猛地起身，“你说你要转学？我没有听错吧！”

“你没有听错，我确实就要转学了，”肖卓然垂下眼帘，“因为爸爸妈妈工作调动的关系，我不得不在下个学期到另一座城市开始新的生活，并且，我的爸爸已经给我物色好了新的学校，听说，他已经和班主任老师说过这件事情了……”

“真的是太突然了，”高晶晶露出了悲伤的表情，“我还以为，我们可以一直并肩作战，直到走上中考考场的那一天……”说到这儿，高晶晶哽咽了。

“我也希望可以和大家一起学习，毕竟经历了这么多的事情，我们才有了深刻的友谊，”肖卓然呢喃道，“所以，这件事情我很难启齿，可我又不想对你们隐瞒，因为我把你们当作最好的朋友，希望……希望你们可以理解我的难处。”

突如其来的消息让四周变得安静，气氛也越来越压抑，陈晓星故作镇定地笑了笑：“喂！为什么要这么伤感呢？人有悲欢离合，月有阴晴圆缺，人生难免会经历聚聚散散，做出身不由己的决定。”

见大家沉默不语，陈晓星清清喉咙继续说：“其实，即使肖卓然没有转学的打算，我们在中考以后也会各奔东西。所以，我认为，提前的离去并不是什么不好的结果，只要大家保持联系，总会有机会相聚的，不是吗？”

“对，”时晚晚也露出了笑容，“就像陈晓星说的那样，我们迟早都会有各奔东西的那一天，现在我们应该在意的，不是以后的离去，而是应该把握眼前，珍惜眼前的快乐，大家不要本末倒置了。”

“是呀，我怎么忘记这一点了，”揭泽陆嘲笑自己道，“刚刚差一点就上了你们的当，还以为要以遗憾收场了，其实想想看也没什么可遗憾的，我们现在都聚在一起，这不是最美丽的时光吗？”

“看来，是我小题大做了，”肖卓然不好意思地挠了挠头，“听你们这么一说，我忽然想起了李白的诗句‘人生得意须尽欢，莫使金樽空对月’，即使我要转学了，这也没什么大不了，只要学会珍惜眼前的美好，就足够了。”

“说到诗，我也想到了陶渊明的‘采菊东篱下，悠然见南山”，陈晓星道，“我们应该学习陶渊明那种豁达的心态，只有抓住了眼前的美好，才能在平凡中找到幸福与快乐，不留遗憾。”

没错，人生难免会有不尽如人意的事情发生，不要害怕，也不要伤感，而是要学会珍惜眼前的美好，只有把握当下，才能弥补可能会留下的遗憾，让回忆中多一些美好而又珍贵的回忆。

但是很多时候，总是有人为了追求所谓的美好，而忽略了身边值得珍惜的人和事，直到真正失去的时候，才会懂得珍惜。不要做那个为了未来而失去现在的人，珍惜眼前的一切，体会当下的快乐，让人生处处都精彩万分。

陈晓星有话要说

不要等到失去了才懂得珍惜

一个拎着空篮子的小女孩，想要寻找这个世界上最美丽的贝壳，于是，她赤着脚行走在沙滩上，时不时地停下脚步，瞧一瞧脚下的贝壳是不是心目中最美的那一个，可是，直到夕阳西下，她的篮子里还是空空如也。

什么样的贝壳才是这个世界上最美丽的贝壳呢？恐怕，这是一个很难让人回答的问题。对小女孩来说，也是如此，或许她并不知道自己想要的是什么，她只是一味地去追求心中的最美，于是错过了本应该珍惜的一切。

人生也是如此，很多人为了找寻心目中最美丽的贝壳，而失去了拾贝壳的乐趣，于是，他们在前进的道路上一个人行走，直到失望积满了整个篮子，他们才肯停下脚步，回头去看曾经走过的路，只是这个时候，他们发现一路走来，留下的只有遗憾。

为什么不能在寻找的过程中，同时去体会生命中的乐趣呢？瞧一瞧贝壳精致的花纹，听一听海浪拍打在岸礁上的声音，望一望天空中翱翔的海鸥……其实，生命中不仅有寻找，还有享受。

不要在奔跑的道路上忘记了快乐的存在，没有人会知道未来会发生什么，人们能够把握的，只有当下。只有珍惜眼前，体会眼前的快乐，才会有足够的自信和勇气，去迎接未来未知的挑战。

智慧锦囊：体会当下的快乐，不要在失去之后才后悔莫及。

第七章

瞧！奇迹是这样诞生的

勇敢一点，再勇敢一点

众所周知，肖卓然是班级里的数学小王子，于是，当新一届的“心算比赛”开始进行海选时，陈晓星就急急忙忙地问他：“肖卓然，你有没有信心在这一次的心算比赛上获得好成绩？”

“我……”肖卓然欲言又止，“我并没有想要报名参加……”

“为什么？”陈晓星诧异地睁大了眼睛，“全班同学都知道，你的心算水平很高，你为什么不报名参加呢？”

“难道你忘记了我在上一次奥数比赛上的失利吗？我想，恐怕这一次也是一样，我可不想重蹈覆辙。”肖卓然说罢，继续低下头看起了他的漫画书。

“拜托！这怎么能是重蹈覆辙呢？”陈晓星不顾他的反对，一把抢过了漫画书藏在身后，“谁都会有失败的时候，但一次失败并不代表着次次失败，更何况，你连报名参加的勇气都没有，就给自己下了失败的定论，这简直太不像男子汉了。”

“你不要总拿我是不是男子汉说事儿了，”肖卓然为自己争辩，“不管我是不是男子汉，我都不想让同学们再看我的笑话。”

“我看，你只是害怕失败吧？”陈晓星直言不讳。简简单单的一句话，戳中了肖卓然内心的伤疤，见肖卓然闭着嘴巴不说话，陈晓星苦口婆心道：“其实，你大可不必胡思乱想，比起奥数，心算是你的强项，难道你真的想把证明自己的机会拱手让给其他人吗？”

肖卓然知道，陈晓星之所以如此的激动，是因为她想给予他力量，

鼓励他参加这一次的心算比赛，但是，他也确实如同陈晓星猜测的那样，因为害怕失败，所以不敢再次尝试。所以，此时此刻的他百感交集，即使心中有了些许的动摇，他还是没有办法说服自己，鼓起勇气再次踏上比赛的场地，去面对众人的期盼。

见肖卓然没有办法克服自己心中的障碍，陈晓星转移了话题：“你有没有听过关于勇敢的故事？”肖卓然没有说话，只是轻轻地摇了摇头，随后，陈晓星滔滔不绝地给他讲述了一个关于勇敢的故事。

勇敢其实很勇敢

其实，勇敢在很小的时候是一个名副其实的胆小鬼，他的身材瘦小，看上去弱不禁风，常常遭到小伙伴们的嘲笑，只有一位老人，他不但不像其他的人一样对勇敢嗤之以鼻，反而对他疼爱有加，并且，勇敢的名字就是他起的。

勇敢曾问老人：“每个人都说我非常的胆小，你为什么偏偏给我起勇敢这个名字呢？”老人回答道：“勇敢在起初的时候，都是非常懦弱的，因为想要勇敢，第一步就是要学会害怕，只有克服了害怕，才能够成为真正的勇敢。”

后来，勇敢长大成人，成了一名知书达礼、乐于助人的小伙子，时间长了，大家也不去在意勇敢的姓名，而是很愿意和他相处，渐渐地，所有的人都喜欢上了勇敢，忘记了他曾是一个胆小的男孩，再后来，一件事情的发生，转变了大家对勇敢的看法。

这一天，一个身材魁梧、长相骇人的巨人闯入了村庄，他扬言要杀死村庄里的所有人，成为这里的新主人。对此，很多强壮的人手握宝剑，身穿盔甲，前来与他对战，只是，巨人实在是太强大了，他仅仅是一跺脚，就把强壮的人吓得屁滚尿流。

这个时候，勇敢站在了巨人的面前，强忍着心中的恐惧，对着巨人振振有词地道：“这里是我的家园，我不允许你胡作非为！”

见眼前的小伙子又瘦又小，巨人禁不住嘲笑道：“就凭你？可笑！我一个手指头就足以把你打入地狱！”

巨人轻蔑的口气和强大的气场让眼前的勇敢害怕到发抖，可是他一想到自己美好的家园和老人对他的期望，瞬间就恢复了自信，他轻身一跃，轻轻松松地躲过了巨人的拳头，最终，一刀刺中了巨人的心脏，成了真正的勇敢。

讲完了勇敢的故事，陈晓星意味深长地道："其实勇敢最开始的时候并不勇敢，正是因为他战胜了心里的恐惧，才成了真正的勇敢。你也是一样，可能现在的你因为曾经的失败而变得没有那么的勇敢，但是，你只要给自己信心，相信自己，你也会像勇敢一样，战胜眼前的巨人。"

不知为何，陈晓星的一席话听上去平淡无奇，却给了肖卓然巨大的能量，可能就像故事中的勇敢一样，仅仅是一念之间，就让他做出了决定："好！既然如此，那我就勇敢面对挑战，这一次心算比赛，我一定全力以赴！"

"这才是你，是我认识的勇敢的肖卓然，"陈晓星露出了灿烂的笑容，"我相信你一定可以做到最好，加油！"

"加油！"肖卓然对陈晓星道。同时，他也对心中那个懦弱的自己说：加油，勇敢一点，再勇敢一点，你一定可以战胜心中的恐惧，获得成功！

在成功的道路上，难免会经历痛苦和挫折，但只有勇于面对，才能战胜自己，获得成功。因此，不要因为一时的失败而丧失了前进的勇气，要学会用笑脸来面对挑战，用行动来证明自己，相信只要和勇敢做伴，你的前途一定会一片光明。

陈晓星有话要说

战胜心中的恐惧，你比想象中更加强大

雄鹰展翅翱翔在天空中，它可能要承受的，是一次又一次的撞伤；骏马奔驰在辽阔的草原上，它可能要承受的，是一次又一次的跌倒；鱼儿在水中自由自在地遨游，它可能要承受的，是一次又一次的冲刷；

成功的人站在梦想的顶峰，他可能要承受的，是一次又一次的挑战。

无论做什么事情，勇气都必不可少。只要有良好的抗挫折能力，不轻易向失败低头，就能战胜困难，能够在人群中脱颖而出，就如同天空中那绚丽的彩虹，如果没有经过风雨的洗礼，怎么会显得如此的光彩夺目呢？

古今中外，任何一个有影响力的名人，不都是经历过难以想象的挫折，才留下振奋人心的奇迹吗？所以作为青少年的我们，更应该握紧拳头，一鼓作气，勇敢地面对所有的难题，当挫折挡住了前进的路时，不要气馁，更不要放弃，要向勇敢一样，挥起手中的宝剑，英勇向前，战胜困难，战胜自己！

智慧锦囊：不受百炼，难以成钢。战胜心中懦弱的自己，勇敢地证明自己。

告诉自己，你是最棒的！

时间过得很快，一眨眼，植树节已经过去三个月了。这一天，陈晓星突发奇想，想要到植树的地方看一看曾经种下的小树苗现在变成什么样子了，于是，在她的生拉硬拽之下，时晚晚“缴械投降”，陪着陈晓星一同前往学校的后山。

微风轻拂，带来了丝丝凉意，难得有时间呼吸大自然的新鲜空气，可是时晚晚却一脸的闷闷不乐。“你没事吧？”陈晓星率先开口，“你该不会是在担心自己种下的树苗死掉了吧？”

“你怎么知道的？”时晚晚吓了一跳，“你什么时候变成猜心师，开始观察别人的想法了呢？”

“还用观察，你的想法明明已经写在你的脸上了，”陈晓星毫不避讳地道，“自从走到学校的后山，你就一脸不开心，甚至连一句话都不肯说，这不是担心自己的树苗死掉了，还是在担心什么呢？”

“不瞒你说，我前几天做了一场梦，在梦中我就梦到自己的树苗死掉了，”时晚晚实话实说，“你还记得前几天下过的一场大雨吗？我觉得我种下的树苗凶多吉少……”

“不看一看怎么会知道结果呢？”陈晓星安慰道，“你有没有听说过这样一句话：你所担心的事情99%都不会发生。现在，你一个劲儿地胡思乱想，岂不是自寻烦恼？”

说话的间隙，两人一前一后地来到了初二（1）班所负责的区域，陈晓星指着其中的一棵小树苗上的红色丝带道：“快看！这是揭泽陆和肖卓然种下的树苗！”随后，她又指着另一棵树苗道，“我记得那一棵是咱们班的班长种下的……”

与此同时，时晚晚快步走到了一棵熟悉的树苗前，她对着陈晓星惊讶地道：“天啊，我种的树苗竟然还在这里，它好像长得更高了！”

“你看，我说什么来着，你所担心的事情99%都不会发生。你的树苗经历过狂风暴雨，现在变得更加强壮了，”说罢，陈晓星转过身呢喃道，“奇怪，为什么找不到我种下的那一棵树苗呢？”

“我记得好像在那个方向，”时晚晚指向不远处，“我记得当时，你和高晶晶两个人在那边窃窃私语，被我逮了个正着。”

“拜托，我都解释过了，我们两个人是在讨论数学试卷上的题目，”陈晓星边说，边朝着山坡的方向走去，只是一路上，她都没有在红色的丝带上看到自己的名字，失落感涌上心头，也让她渐渐放慢了脚步。

见陈晓星没有像起初那样兴致勃勃，时晚晚走上前，安慰她说：“你种的树苗肯定就在附近，只是我们没有找到它而已，”就在这时，一棵没有红色丝带的树苗映入眼帘，时晚晚左右看了看，诧异地道：“这棵小树苗上为什么没有名字呢？”

“可能是被暴风雨吹走了吧，”陈晓星看向另一棵光秃秃的小树苗，“你看，那棵树上的红色丝带也不见了……”话说到一半，陈晓星愣在了原地，因为就在这个瞬间，她忽然看到了一块黑色的石头，她清楚地记得，当初的她为了更好地辨别方位，把这块石头埋在了土壤里，“我……我找到了，”陈晓星指向面前丢失了红色丝带的小树苗。

“是它！就是它！”

眼前的小树苗比想象中的更加挺拔、粗壮，并且在一个小小的枝杈上，陈晓星还发现了几个小小的嫩芽。这时候，陈晓星压抑不住心头的兴奋，喃喃道：“太好了，终于找到你了，我差一点就放弃你了。”

“你刚刚是怎么安慰我的呢？”时晚晚走了过来，“你和我说，你所担心的事情99%都不会发生。现在，这句话我也送给你，你要相信自己才对，你看，你种的树苗看起来比其他的树苗精神很多，也是我见过的唯一一棵发了新芽的小树苗。”

“我刚刚真的是太愚蠢了，”陈晓星自嘲地笑了笑，“我一直在安慰你，却忘记了相信自己。”

陈晓星有话要说◢

相信自己，其实你是最棒的！

在现实中，人们不得不自力更生，学会独立地面对所有的困难与压力，在这时，想要有所成就，就一定要有不怕吃苦、不怕失败、不怕挫折的顽强精神，要给自己一点信心和勇气，告诉自己：你可以做得很好。

要知道，每个人的身上都有无限的可能性。所谓的强者，只不过是挖掘了自身的潜能，比他人付出的更多。把自信当作成功的基石，积极乐观地面对所有的挑战，要相信你一定比想象中的自己还要优秀。

用勤劳的双手为自己创造美好的明天吧！正如同那句老话：“学而不思则罔，思而不学则殆。”不要试图过安逸的生活，否则，激烈的竞争会让你过早地被社会淘汰，从而失去你拥有的一切。

智慧锦囊：失败和挫折并不可怕，可怕的是失去信心和勇气，变得不再相信自己。

要把每一件小事，当成大事来做

幻想着昔日种下的小树苗可以成长为参天大树，陈晓星和时晚晚有着说不完的话，她们一路嬉笑，一路畅想，不知不觉，就来到了高晶晶家的小区门口，这个时候，陈晓星提议道：“时间还早，不如我们去找高晶晶吧，顺便告诉她关于小树苗的事情。”

“我也正有此意！”时晚晚说罢，就走进小区，可就在小区的地下停车场附近，她猛地停住了脚步……

在距离她们不远的地方，一个小女孩正坐在木凳上，专心致志地在画板上作画，虽然是在人来人往的小区门口，但是她毫不在意他人异样的眼光，更让时晚晚感觉到不可思议的是，这个女孩不是别人，正是她们要找的高晶晶！

“高、高晶晶？”时晚晚诧异地叫出声。

听到有人在喊自己的名字，高晶晶放下画笔，转过了头，与此同时，她的脸上也露出了惊讶的神情：“陈晓星？时晚晚？你们两个怎么在这里？”

“我们刚好路过，想要来看看你，”陈晓星一五一十地道，“只是……你在这里做什么？”

“我在画画啊，”高晶晶不好意思地傻笑一声，“学校不是举办了绘画比赛吗？我也报名参加了，趁着天气还不错，我突发奇想跑到室外来写生。”

说话的期间，陈晓星凑到了高晶晶的画板前，画面正中央，画着一棵茂盛的樟树，随后，高晶晶解释道：“你们看，我画的就是这一棵樟树。”顺着高晶晶手指的方向，眼前的樟树葱茏繁茂，密密匝匝的树叶交错在一起，在余晖下散发出金黄色的光芒。

“这棵樟树可真漂亮！”陈晓星赞叹道，“如果不是你把它画在纸上，我还从来都没有注意过有这么高大而又茂盛的樟树。”

“没错吧？我也认为它是最漂亮的樟树，”高晶晶的脸上露出了一丝笑意，“不瞒你们说，为了找到我心中最完美的樟树，我跑遍了大街小巷，就连附近的几个小区我都仔细找过了，只是最后才发现，还是我家楼下的这棵樟树最深得我心。”

“不会吧，你竟然为了一棵樟树，跑了那么多的地方？”时晚晚惊讶地开口，“虽然眼前的樟树很漂亮，但是在我眼里，每一棵樟树都大同小异，都是由树干、树枝、树叶组成的，有什么两样吗？”

“当然不一样了，”高晶晶歪歪头，耐心地解释，“就像你说的，每一棵树都是由树干、树枝、树叶组成的，但是树干的粗细、树枝的形态、树叶的疏密，这些不确定的因素加在一起，想要找到一棵各方面相对完美的樟树，还真不是碰运气那么简单。”

听高晶晶这么一说，时晚晚心服口服：“看来，你和坐在梦想工作室的我一样，对待自己喜欢的事情一丝不苟，就连一个小小的细节都不放过。”

“其实，这都是书带给我的启发，”高晶晶分享道，“前些日子我看过一本书，书上写了一句话，让我记忆犹新——把每一件简单的小事做好，就是不简单；把每一件平凡的小事做好，就是不平凡。就是这句话，才让我下定了决心，以后不管做任何事情，都不要马虎大意，所以，对于这一次的绘画比赛，我虽然没有必胜的信心，但是我一定要做好每一个细节，这样才不会给自己留下遗憾。”

高晶晶说得没错，把每一件简单的事做好，就是不简单；把每一件平凡的事做好，就是不平凡。不管眼前的事情是大还是小，最重要的是做事的态度，即使最普通的事，也要全力以赴，只有把每一件小事当成大事来做，才能脚踏实地地为自己开创新的道路。

高晶晶有话要说

把每一件小事，当成大事来做

意大利著名指挥家阿尔图罗·托斯卡尼尼一生获得过很多的荣誉，在他80岁那年，他的儿子问了他这样一个问题：“您一生去过很多地方，做过很多事情，您认为您经历过的最重要的一件事情是什么呢？”

托斯卡尼尼不假思索地回答：“见过的风景再多，做过的事情再难忘，也不及我现在所做的事情重要。我认为一生中最重要的事，就是我此时此刻正在做的事情，无论是站在舞台上，还是在倒一杯水。”

不可否认，在现实生活中，其实很多的事情看上去微不足道，但绝不能因为事小，就不把它当一回事。只有注重每一件小事，才能够成就大事。

要相信，生活中无小事，那些奔跑在前端的成功者，都和普通人一样周而复始地重复着简单的小事，只是他们和普通人不同——他们把每一件小事都当成大事来做，在最大程度上避免了因为小事的疏漏，给自己留下大的遗憾。

智慧锦囊：专注地做好每一件小事，就一定能够成就大事！

你对你的未来有规划吗？

见高晶晶和时晚晚聊得火热，站在一旁一直没有吭声的陈晓星禁不住感叹道：“真是羡慕你们，你们一个想当服装设计师，一个想做艺术生，不像我整天游手好闲的，对人生没有一点追求和目标。”

“你应该像我们一样，对未来有一些规划，”时晚晚进入了正题，

“我的家人和我说，每个人都要有自己的理想和追求，未来是属于我们青少年的，所以，更应该在学生时代树立远大的理想和目标，这对于我们的人生来说，有着极其重要的意义。”

“上一周的班会，老师不也和我们说了规划的重要性吗？”高晶晶接话道，“老师说，想要在未来成就任何一件事情，都需要提前做好规划，只有有了明确的目标和信念，才能够找到前进的方向，否则，人生就像在大海中随波逐流的小船，最后，只能把命运寄托在别人的手上。”

“你们说的这些我都明白，”陈晓星把视线移向远方，“我和苏颖学姐在一起做活动策划的时候，她也和我说了很多类似的话，她还说，过去属于死神，只有未来才属于自己，无论你有没有远大的抱负和理想，都要对未来有一个小小的规划，否则，即使你再有才能，也会在走马观花中渐渐迷失自己……”

“既然你知道这么多的大道理，那么为什么还不赶快给自己制定一个小小的规划呢？”高晶晶不解地问道。

“我……”陈晓星欲言又止。对啊，为什么无法确定自己追求的目标，找到适合自己的方向呢？这对于陈晓星来说，确实是一个难题。

见陈晓星的脸上满是为难，时晚晚出了一个主意：“既然你没有明确的目标和方向，那么不妨先为你的学习制定一个规划吧！”

“什么？学习也可以制定规划？”陈晓星半信半疑。

“当然了，”时晚晚眨了眨眼睛，“比如我，我就给学习制定了一个规划，如果你感兴趣的话，我可以说给你听。”

给学习制定一个小小的规划

一提起未来，很多人会觉得遥不可及，甚至会有些不知所措，但无论你对于未来的规划是什么，都不要忘记，作为一名青少年，应该摆正自己的位置，学习基础知识，为以后所从事的职业打下良好的基础。所以，在学习期间，有必要为自己制定一个学习规划，有效率地加强专业文化知识的汲取，提高学习力和自身的素养，才能一步一个脚印，将理想变为现实。

首先，你要找到适合自己的学习方法。尽可能在学习期间集中注意力，提高学习的效率。如果你善于“听”，那就好好利用听课时间，熟练地掌握每一个疑难点；如果你善于“记”，那就不要错过老师在黑板上写下的重要信息。总之，找到适合自己的学习方法，有针对性地解决学习难题，才能够最大程度地提高学习成绩。

其次，复习工作必不可少。将在课堂上学到的知识点进行分类整理和复习，简单的知识点一遍带过，疑点、难点着重记忆，必要的时候，可以多做练习题，多看辅导书。同时，将新的知识点和已经学过的知识点相结合，完善知识体系，加强理解和认知，再将知识点和现实联系在一起，灵活地运用到生活中。

此外，为自己准备一个错题本。错题本的作用不单单是将出过错的知识点抄录下来，更重要的是，在闲暇时间，可以反复地记忆和巩固容易出错的重点、难点，同时，错题本也方便后期的记忆和复习，在考试前，可以根据错题的类型进行题海战术，最终，有针对性地对知识体系进行完善。

最后，有效地利用闲暇时间，让自己获取更多的知识。比如在用餐的时候，可以利用短暂的时间背诵数学公式和英语单词；在上学的路途中，可以熟读唐诗和宋词，也可以利用下课的间隙，向同学请教不懂的知识点，把玩游戏和睡懒觉的时间利用起来，多读一些课外书。只要有效地利用时间，学习成绩一定会得到显著的提高。

听完这一切，陈晓星豁然开朗，她对着时晚晚竖起了大拇指，“怪不得你的学习成绩突飞猛进，原来你是偷偷地制定了学习规划，真是了不起。”

时晚晚谦虚地道：“那都是学习规划的功劳。如果你也和我一样，严格按照制定的学习规划进行学习，也一定会获得进步的。”

“看来，想要获得进步，就绝对不能偷懒，”说罢，陈晓星一拍手掌说，“我决定了！从今天开始，以你们为榜样，勇敢地面对现实！不再懒懒散散，不再无所事事，好好地为未来做一个人生规划！”

时晚晚的资料库

如何为自己制定人生规划

每个人都要确定自己的人生目标，对未来有明确的规划，但是对于很多的青少年来说，“规划”这个词尤为陌生，他们甚至不知道应该以哪儿为出发点，如何做正确的、适合自己的人生规划。

以下有几条有效的建议，希望可以给大家带来一些参考和帮助。

一、充分了解自己

想想看，你的性格是外向还是内向？你的爱好有哪些？你的特长是什么？只有充分地了解自己、分析自己，才能知道自己适合什么，想要的是什么。

二、询问家长或老师的建议

如果你对未来没有规划和目标，不妨问一问熟悉你的家长或老师，相信过来人的认知会更加切合实际，他们会结合你的自身状况，给你有效的建议和意见。

三、制定初级规划

如果你没有长远的打算，那不妨为自己制定一个初级规划：以一年为时间单位，有针对性地设定目标和计划，日积月累，事态的变化一定可以给你灵感和启发，帮助你找到最适合自己的道路。

四、理想和现实相结合

要学会以大环境为前提，设定结合实际、适合自己的人生规划，未来虽然是美好的，但绝不能好高骛远，用“累积上台阶”的方式让自己获得进步，最终走向成功。

五、保持良好的心态

无论你对未来有何打算，都要用一颗平常心去面对每一天，即使惨遭风雨的洗礼，也要坚强、勇敢地面对未知的挑战，否则，因为一点点小小的失败就放弃，将永远都没有办法成就最好的自己。

总之，不要过无意义的生活，要趁早为自己设定人生的规划，要把命运的罗盘掌握在自己的手中。相信只有勇敢地面对人生，才能让理想与现实之间的差距越来越小，最终，成为心中那个最了不起的自己。

智慧锦囊：不要过无意义的人生，知道自己想要的是什么，并朝着目标前行。

知道吗？你也是多才多艺的“小明星”

在所有人的心中，陈晓星是一个大大咧咧，甚至有些不拘小节的女孩子，她的性格如同夏天一样热情，很容易和他人相处，绝对不是那种没有自信，对未来没有追求的女孩子。对此，高晶晶发表了自己的看法，她对着陈晓星道：“其实，你在我的心中一直是一个才华横溢的女生，并不是你自己所想象的那样一事无成。”

“怎么可能？”陈晓星笑着摆摆手，“我的学习成绩一般般，在学校里也没有什么杰出的表现，顶多是一个校园小记者，还是一个采访内容总是不被老师采纳的校园小记者，这样的一个人，怎么可能被说成才华横溢呢？你也太爱开玩笑了。”

“我是认真的，”高晶晶一本正经地道，“你看，每一次的考试，你的作文都是全班的最高分，并且，你很喜欢做一些稀奇古怪的小糕点，虽然有的时候样子看上去普普通通，但味道真的很不错，这些不就是你的天赋和才华吗？”

“这哪里算得上是什么过人之处？”陈晓星摇了摇头，“在我看来，你说的这些都是一些稀松平常的小事情，任何人都可以做到的。”

“陈晓星同学！你也太小瞧自己了吧，”一直没有说话的时晚晚终于忍不住站了出来，“现在的你，怎么和书中的‘阿呆同学’一模一样呢？”

“‘阿呆’？”陈晓星和高晶晶异口同声。

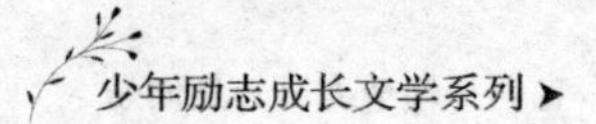

“没错，就是阿呆。”时晚晚点点头。随后，她滔滔不绝地讲述了阿呆的故事。

阿呆的故事

曾经有一个人名叫阿呆，他长得白白净净，是一个人见人爱的小伙子。从小时候起，他的学习成绩就名列前茅。无论是观察能力还是分析能力，都有着优于常人的表现。因此，很多人都称他为神童。

可是，阿呆从来都不认为自己有过人之处，即使老师对他有着很高的期许，他也不自信地道：“哎呀！别开玩笑了，我怎么可能考得上重点高中呢？如果能考上一所普通的高中，我就知足了。”

于是，阿呆放弃了报考重点高中的机会，最终顺利地考上了一所普通的高中，即便如此，他还是没有找回自信，在高考的时候，选择了一所三流的学校，因为在他的心里，他是不可能考上好的大学，找到好的工作的。

再后来，临近大学毕业时，很多大公司到学校里物色人才，阿呆却一次又一次地放弃了面试的机会，最终，选择到一家小公司做销售人员。公司的经理看重他的专业水平，破格提拔他为经理助理。这本是大显身手的好机会，可阿呆并不这么认为，自从他升职以后，他每天都在担心自己能不能胜任这份工作，心烦意乱导致他在工作中频频出错，最后，强大的心理压力让他不得不辞去这份工作，选择从头开始……

说到这儿，时晚晚顿了顿：“你能够想象，阿呆的未来会是什么样子吗？”

陈晓星想了想：“他对自己太没有自信了，就算是有最好的机会放到他的面前，他也会因为怀疑自己的能力而错过，我想，他一定是碌碌无为地度过一生。”

“没错，因为不了解自己、不接受自己，所以错过了很多的可能性，”时晚晚说罢，把话题的重点引向陈晓星，“现在的你不也是这样吗？其实在我们的眼里，你是一个多才多艺的‘小明星’，只是你并不肯定自己的能力罢了。”

“你看，并不是我一个人这样认为，”高晶晶苦口婆心地道，“老师不是说过吗？玉不琢，不成器。人的潜能也是一样，如果将自己的潜能埋没，那你的人生就如同一潭死水，最终只能在阳光下蒸发；但如果你肯挖掘自己的潜能，小小的水湾也可以汇成江河。所以我劝你，不要总是认为自己一事无成，你真的比你想象的优秀。”

“我真的有你们说的这么优秀吗？”陈晓星半信半疑，“我并不觉得自己有什么过人之处，况且，我也没有什么特别的爱好。”

“难道你不喜欢采访吗？”高晶晶问道。

“我确实很喜欢采访，可是采访能给我带来什么呢？”陈晓星反问道。

“你可以当一名记者，”时晚晚打了个响指，“记者也是一份很好的工作，并且记者这份工作并不是谁都可以胜任的，但我想只要是你，就一定可以成功。”

“记者……”陈晓星呢喃道，“我还从来都没有考虑过，自己有一天会成为一名记者。”

“你没有想过，并不代表你没有能力，”时晚晚给陈晓星加油打气，“只有自己瞧得起自己，别人才会瞧得起你。答应我，从现在开始，你要相信自己，好吗？”

“好，”一股强大的力量涌上心头，陈晓星点点头，“既然你们相信我，那么我也要相信我自己，从今天开始，我们一起为未来努力，加油！”

“加油！”

夕阳西下，余晖给万物刷上了一层金色的光，花木的幽香阵阵拂来，令人心旷神怡。此时此刻，三个正值青春年少的小女生站在这如画的风景里，笑谈风雨，共谱未来蓝图。

高晶晶有话要说

瞧得起自己，别人才会瞧得起你

科学家的研究表明，人的一生只会利用人脑力的1%，也就是说，每个人都有99%的脑力处于未开发的状态。只是，现在大多数的人就有不同程度的惰性，凡是可以不用动脑的事，他们都可以运用其他的方法解决，所以，人的脑力潜能开发程度仅仅只有1%。

不要过于依赖你所了解的一切，应该多尝试挖掘自己的潜力，要相信，人的潜力是无限的，只要肯努力，肯相信自己的实力，就一定可以发挥自己的一技之长，实现自我价值，最终，引领自己攀登一座又一座的高峰。

智慧锦囊：只有瞧得起自己，别人才会瞧得起你。

在前进的路上摔个跟头，没什么大不了

“哼哼哈嘿！我只用双节棍！哼哼哈嘿！我只用双节棍……”

周一是一周的起点，周一的清晨也总是会让人精神焕发，这不，哼着《双节棍》走进教室里的揭泽陆一如既往的精神饱满，趁着早自习的铃声还没有敲响，他把大家召集在一起，说是要做一件大事儿。

他站在座位前一脸神秘地说：“咳咳……我这两天在家里大门不出，二门不迈，就是为了培养自己的新技能，”说罢，他模仿电视中的音效，压低了声音，“锵锵锵锵锵……见证奇迹的时刻，马上就要开始了……”

与此同时，他从口袋中拿出了一个三阶魔方，随后将魔方放在了肖卓然的手上，对着他故作严肃地道：“这位朋友，现在请你随意地打乱魔方，切记：越乱越好。”

虽然不知道揭泽陆葫芦里卖的什么药，可肖卓然还是很配合地打乱了手中的魔方，并将其还给了揭泽陆，见大家饶有兴趣地等待着下文，揭泽陆清清喉咙继续道：“下面，我将会为大家表演盲拧魔方。”说罢，他将手中的眼罩递给了陈晓星，“为了表演的严谨性，待会儿请你帮我戴上眼罩，确保我不可能看到手中的魔方。”

“盲拧魔方？”陈晓星简直不敢相信自己的耳朵，“闭着眼睛复原魔方，那可不是一般人能够做到的事情！”

“我就是要挑战一般人没有办法做到的事情，”揭泽陆骄傲地挑了挑眉，“你们就等着见证奇迹吧！”

盲拧魔方，就是玩家在最短的时间内观察魔方的状态，并进行编码记忆，随后在肉眼看不到魔方的情况下，快速地还原魔方，这个项目不仅考验玩家的记忆能力和空间想象能力，很大程度上，还挑战玩家的心理抗压能力。

尽管挑战颇有难度，揭泽陆还是自信满满，他花了不到 40 秒钟的时间完成了编码记忆，紧接着蒙上了眼睛进行魔方复原。时间一分一秒地流逝，魔方如同旋转的陀螺，在揭泽陆的手中翩翩起舞，前所未有的紧张气氛让所有的同学屏气凝神，只是命运总爱和人开玩笑，当揭泽陆揭开眼罩的那一刻，他发现魔方并没有还原成功。

“怎、怎么可能？”揭泽陆一脸的失望，“我明明按照编码记忆，并且避免忘记快速地复原……怎么可能会出现失误……”

“没事，没事！人有失手，马有失蹄，总会有失误的状况发生的，”肖卓然安慰道，“来！再来一次，这一次一定会成功！”

揭泽陆也正有此意，为了证明自己的实力，他选择让高晶晶帮他打乱魔方，再由陈晓星为他戴上眼罩，可是第二次的结果也出乎所有人的预料，又是一个小小的失误让揭泽陆前功尽弃，最终以失败告终。

“我不相信，我还要再试一次！”渴望成功的揭泽陆将魔方递给了时晚晚，他咬着牙道，“成败在此一举，如果这次再不成功，我就宣布退出‘魔方界’！”

“凡事不要这么绝对，”时晚晚边耐心地打乱手中的魔方，边开口道，“一次两次的失败代替不了什么，况且这才刚刚开始，不要给自己那么大的压力。”随后，她把打乱的魔方递给揭泽陆，“来！加油！”

“没有压力就没有动力，”揭泽陆说罢，快速地记下了魔方的编码，戴上眼罩进行复原，可是他没有想到的是，魔方就好像被施了咒语，尽管他再三确认自己没有出现失误，可最终的结果还是因为个别方块的未复原遗憾失败。

“啊——”失败的结果使得揭泽陆长叹一声，他赌气道，“连老天都不帮我！看来，我真的要退出‘魔方界’了……”

“难道你没有听到时晚晚刚刚对你说过的话吗？”陈晓星打断了揭泽陆的自怨自艾，“一次两次的失败并不能代表什么，你想一想威尔玛·鲁道夫，和她相比，你简直幸运多了！”

“威尔玛·鲁道夫是谁？”揭泽陆问道。

“威尔玛·鲁道夫是著名的短跑运动员。”随后，陈晓星给大家讲述了威尔玛·鲁道夫的经历。

不被困难击倒的威尔玛·鲁道夫

1983 年，威尔玛·鲁道夫被选入了美国奥运名人堂，成了千万人注目的对象，但她其实有着不幸的童年……在小的时候，她就因为患小儿麻痹症不幸导致了残疾，同龄的小朋友可以健健康康地在地面上又跑又跳，而她只有穿上沉甸甸的矫正鞋，才能勉勉强强地走路。

她的家人给了她很大的鼓励，在日复一日的康复练习中，顽强的她终于在 12 岁那年脱掉了矫正鞋，能像普通人一样走路了。后来，她的运动天分渐渐地显露出来，在她 16 岁那年，代表美国队参加了墨尔本奥运会，并为团队获得了铜牌，后来，她又顺利地代表美国队参加罗马奥运会，一举获得了三枚金牌。

陈晓星道：“如果不是在书中看到关于威尔玛·鲁道夫的报道，我简直都不敢相信她在小的时候竟然不能像普通人一样走路，正因为她勇敢地克服了先天的缺陷，努力地追求梦想，才创造出了一个奇迹。”说罢，陈晓星看向揭泽陆，“和她相比，你多幸福！你有良好的学习环境，有支持你的亲朋好友，还有天赋异禀的头脑，倘若因为一点小小的挫折而放弃，怎么对得起拥有远大志向的自己呢？”

陈晓星的一席话让揭泽陆羞愧地低下了头。是啊，人的一生不可能一帆风顺，如果摔倒了就不再爬起来，怎么可能会走向成功呢？想到这儿，揭泽陆再次拿起了手中的魔方，他喃喃道：“你说得对，在哪里跌倒，就要从哪里爬起来，再给我一周的时间，下一周，我一定会给大家带来一场精彩绝伦的表演。”

陈晓星有话要说

在哪里跌倒，就要从哪里站起来

华罗庚是世界著名的数学家，在学生时代，他曾因为没有办法交齐学费，逼不得已中途辍学，但是他并没有因此放弃学业，反倒是在家中顽强地自学，他仅仅用了五年的时间就学会了初中和一部分大学的数学课程。

20 岁后，他边工作边努力学习，用了不到两年的时间，又自学了数学系的全部课程，只有初中文凭的他为了证明自己的实力，自学了英语、法语等多种语言，与此同时，他积极地在报刊上发表论文，证明自己的能力和想法。后来，在 1983 年，他写出了震惊世界的论文——《堆垒素数论》，被学界认可和接纳。

成功并不是偶然的，是不断努力而产生的必然结果。在前进的道路上，无论遇到怎样的难题，都不要放弃眼前的机会，即使摔倒了也要坚强地爬起来，相信只要有永不言败的精神，就会创造成功的奇迹。

智慧锦囊：只要有永不言败的精神，就会创造成功的奇迹。

奇迹，或许就在下一秒诞生

转眼间，繁花似锦的五月接近尾声，细数这短短一段时间发生的事情，有很多小小的奇迹值得大家共同庆祝。

首先，肖卓然不负众望，在市里举办的心算比赛中一举获得了第二名的好成绩，而他和第一名之间的差距，只有异常接近的0.5秒，用揭泽陆的话来说：肖卓然只要在比赛中少眨一次眼睛，或许就可以超过第一名，拔得头筹了。

对此，心态产生了转变的肖卓然只是淡然一笑，现在的他不再会为了最终的结果患得患失，而是在成长的过程中渐渐明白了一个道理——过程往往比结果更加重要。所以，在宣布结果的当天，他微笑着接受了第二名的成绩，并给了他的对手一个诚挚的拥抱。

这个五月对于高晶晶来说，也是一生难以忘却的，因为她的美术作品《眼中的世界》，在学校举办的绘画比赛中，获得优秀奖，虽然成绩平平，但对于一向没有自信的高晶晶来说，是一个巨大的鼓励。

这天午餐后，高晶晶对陈晓星吐露了心声："虽然我说服了自己参加绘画比赛，但是我从来都没有奢求自己会获得任何奖项，现在看来，以前的我总是把自己关在狭小的壳子里，不愿意展示自我，我想，其实我并没有自己想象的那么糟糕。"

"以前的你只是不够勇敢而已，"陈晓星笑了笑，"学习的压力让你失去了前进的勇气，现在的你战胜了困境，战胜了那个胆小的自己，整个人都变得不一样了。"

"我应该谢谢你，"高晶晶鼓起勇气道，"谢谢你对我耐心的劝导，和我讲一些我虽然都知道，但是却又不太明白的大道理……"

"喂！别忘了还有我们，"高晶晶说话期间，时晚晚和肖卓然走了过来，时晚晚打趣道，"亲爱的晶晶同学，我一直以来都对你说'要勇敢、要坚强、要自信'，现在倒好，把我说的一切忘了，反而把陈晓星说的话全部装进了脑子里……”

“拜托，我只是还没有来得及对你表达我的感激而已，”高晶晶急忙转过身开口解释，“我要感谢的人有很多，不但要感谢你，我还要感谢肖卓然，我也从来没有想到，我会和一个男生成为好朋友。”

“感谢我？我没听错吧？我并没有为你做什么。”肖卓然诧异地眨眨小眼睛。

“还记得端午节的那天，你代替划桨手参加赛龙舟吗？”高晶晶说，“其实从那次开始，我就对你很钦佩了。同样的情况下，换作是我，我肯定会临阵脱逃，是你的勇敢给我上了一课，让我渐渐明白了我自身存在的问题。”

一提到赛龙舟事件，肖卓然就不好意思地转移了话题：“过去的事情就不要再提了，我们不是说好了，珍惜当下、迎接未来吗？”

“That’s right!”陈晓星插言道，“过去的一切就让它们随风而逝吧，烦恼和压力也让它们统统都见鬼去吧！”说到这儿，陈晓星看了看四周，“咦？揭泽陆这家伙跑哪去了？他没跟你们在一起吗？”

“你就别提揭泽陆了，”肖卓然无奈地叹了口气，“自从他发誓要学好盲拧魔方，每天除了学习和睡觉，就连吃饭的时候也在研究魔方，我都担心这样下去他会不会走火入魔了……”

“哈哈哈……”时晚晚禁不住哑然失笑，“走火入魔？你这个成语用得妙！恰巧语文老师布置了作文——《我有趣的朋友》，我们干脆以揭泽陆为主人公，写写他因为学习盲拧魔方而走火入魔的故事，怎么样？”

“这可真是一个金点子！”肖卓然第一个举手表示赞同。

“我也认同。”高晶晶也来凑热闹。

正在这时，一个面容清秀的女生径直来到了初二（1）班的教室门口，她有些拘谨地站在门外，对着值日生礼貌地询问：“你好，不好意思，可以麻烦你帮我找一下陈晓星同学……”

女生的话还没说完，刚好转过身的陈晓星就和她的视线触碰到了一起，陈晓星立即起身，步履轻盈地来到了她的身边，笑盈盈地道：“苏颖学姐，你怎么来了？找我有什么事吗？”

“我是特地来感谢你的，”苏颖轻声细语道，“还记得我们一起策划的‘排解压力，强大内心’的主题活动吗？老师们很重视，表示会在近日以此为主题，策划校园的活动周，”说到这儿，苏颖顿了顿，“还有，我希望你可以和我一起主持这个活动，可以吗？”

“真、真的吗？”意外的惊喜让毫无心理准备的陈晓星激动得想跳脚，随后，她克制住了内心的喜悦，深吸一口气道，“学姐，我、我发誓，我一定会努力的！”

和兴奋到说话都变得磕磕巴巴的陈晓星相比，苏颖就显得平静得多，她呢喃道：“我心里的石头终于落了地，可是新的难题又出现了，因为直到现在我都没有想好，下一次的活动主题究竟是什么……”

“奇迹！”就连陈晓星自己都不知道，她为什么脱口而出了这两个字。

“奇迹？”苏颖重复了关键词，等待着陈晓星的下文。

“或许一切都是命中注定吧，”陈晓星咧嘴一笑，“我的妈妈减肥成功，我的同学获得了好的成绩，就在短短几个月的时间里，所有的努力都收获了胜利的果实，所以我想，只要不惧怕未来，勇敢地大步向前，或许奇迹就会在下一秒诞生。”

“只要不惧怕未来，勇敢地大步向前，或许奇迹就会在下一秒诞生……”苏颖深思后做出了决定，“好！就听你的，我决定下一次活动的主题就是‘奇迹，或许就在下一秒诞生’。”

高晶晶有话要说

你不勇敢，没有人替你坚强

学生时代没有华丽的开始，也没有完美的结尾，总是来也匆匆，去也匆匆，可就在这有苦有甜的青春里，承载着太多值得回味的记忆，其中，跌倒后坚强站起来的回忆，是最令人怀念的。

无论在何时何地，都不要惧怕跌倒，要学会拍拍身上的尘土，勇敢地面对眼前的一切难题，只有敢于抬头，勇于攀登，才会有机会站在巨人的肩膀上，一览众山小。要明白，成与败有时只在一念之间，只看你勇敢不勇敢。

人世间没有比腿更高的山，没有比脚更长的路。所谓的遥不可及的成功，只要人们战胜了心中的恐惧，和勇敢肩并肩，就能走向它。因此，从现在开始扬帆起航吧！勇敢一点，坚强一点，相信小小的你会创造生命的奇迹，绽放属于自己的光彩。

智慧锦囊：勇敢一点，坚强一点，小小的你也会创造生命的奇迹，绽放属于自己的光彩。

后 记

在本书写作过程中，得到了以下师友的无私帮助，他们分别是黄虎、陈航、孙萍、温瑶、余梦莉、张敏、赵珍珍、李杨、罗玖香、梅思韵、牟柳、覃逍、夏梦宇、谢梦圆、熊海燕、张盈、赵雪琴、周洋、高新攀、杨少华、杨再新、张浩、张军、张润、张元会、张泽浩、赵凯、朱国亮、陈雪芬、何雨婷、简小芳、孔莹莹、刘佳佳、刘念、罗丽，特此表示衷心的感谢。此书的出版特别感谢陈红晓作家集团的支持。